网络空间安全重点规划丛书

VPN技术与应用

杨东晓 陈蛟 王树茂 杨静岚 编著

U0224105

清华大学出版社

北京

内 容 简 介

本书全面介绍 VPN 技术与应用知识。全书共 5 章。第 1 章介绍 VPN 的基本知识;第 2 章介绍 VPN 的原理、基本结构、主要技术(包括 VPN 的隧道技术、身份认证技术、数据加密技术)和 VPN 安全接入平台;第 3 章介绍 IPSec VPN;第 4 章介绍 SSL VPN;第 5 章介绍 3 个典型的 VPN 应用案例,对需求和解决方案进行详细分析,以帮助读者更透彻地掌握 VPN 技术和应用知识。每章均附有思考题,以帮助读者总结知识点。

本书既可作为高等学校网络空间安全、信息安全等专业的本科生教材,也可作为相关领域从业人员的培训及认证教材或入门读物。

图书在版编目(CIP)数据

VPN 技术与应用/杨东晓等编著.—北京:清华大学出版社,2021.1(2023.4重印)
(网络空间安全重点规划丛书)
ISBN 978-7-302-57154-4

Ⅰ.①V… Ⅱ.①杨… Ⅲ.①虚拟网络—研究 Ⅳ.①TP393

中国版本图书馆 CIP 数据核字(2020)第 272920 号

责任编辑:张　民　战晓雷
封面设计:常雪影
责任校对:李建庄
责任印制:曹婉颖

出版发行:清华大学出版社
　　　　　网　　　址:http://www.tup.com.cn,http://www.wqbook.com
　　　　　地　　　址:北京清华大学学研大厦 A 座　　　　　　邮　　　编:100084
　　　　　社 总 机:010-83470000　　　　　　　　　　　　　邮　　　购:010-62786544
　　　　　投稿与读者服务:010-62776969,c-service@tup.tsinghua.edu.cn
　　　　　质量反馈:010-62772015,zhiliang@tup.tsinghua.edu.cn
　　　　　课件下载:http://www.tup.com.cn,010-83470236

印　装　者:三河市人民印务有限公司
经　　　销:全国新华书店
开　　　本:185mm×260mm　　　印　　　张:7.5　　　字　　　数:169 千字
版　　　次:2021 年 2 月第 1 版　　　印　　　次:2023 年 4 月第 4 次印刷
定　　　价:35.00 元

产品编号:085239-01

网络空间安全重点规划丛书

编审委员会

出版说明

　　21世纪是信息时代,信息已成为社会发展的重要战略资源,社会的信息化已成为当今世界发展的潮流和核心,而信息安全在信息社会中将扮演极为重要的角色,它会直接关系到国家安全、企业经营和人们的日常生活。随着信息安全产业的快速发展,全球对信息安全人才的需求量不断增加,但我国目前信息安全人才极度匮乏,远远不能满足金融、商业、公安、军事和政府等部门的需求。要解决供需矛盾,必须加快信息安全人才的培养,以满足社会对信息安全人才的需求。为此,教育部继2001年批准在武汉大学开设信息安全本科专业之后,又批准了多所高等院校设立信息安全本科专业,而且许多高校和科研院所已设立了信息安全方向的具有硕士和博士学位授予权的学科点。

　　信息安全是计算机、通信、物理、数学等领域的交叉学科,对于这一新兴学科的培养模式和课程设置,各高校普遍缺乏经验,因此中国计算机学会教育专业委员会和清华大学出版社联合主办了"信息安全专业教育教学研讨会"等一系列研讨活动,并成立了"高等院校信息安全专业系列教材"编审委员会,由我国信息安全领域著名专家肖国镇教授担任编委会主任,指导"高等院校信息安全专业系列教材"的编写工作。编委会本着研究先行的指导原则,认真研讨国内外高等院校信息安全专业的教学体系和课程设置,进行了大量具有前瞻性的研究工作,而且这种研究工作将随着我国信息安全专业的发展不断深入。系列教材的作者都是既在本专业领域有深厚的学术造诣,又在教学第一线有丰富的教学经验的学者、专家。

　　该系列教材是我国第一套专门针对信息安全专业的教材,其特点是:

　　① 体系完整、结构合理、内容先进。

　　② 适应面广:能够满足信息安全、计算机、通信工程等相关专业对信息安全领域课程的教材要求。

　　③ 立体配套:除主教材外,还配有多媒体电子教案、习题与实验指导等。

　　④ 版本更新及时,紧跟科学技术的新发展。

　　在全力做好本版教材,满足学生用书的基础上,还经由专家的推荐和审定,遴选了一批国外信息安全领域优秀的教材加入系列教材中,以进一步满足大家对外版书的需求。"高等院校信息安全专业系列教材"已于2006年年初正式列入普通高等教育"十一五"国家级教材规划。

　　2007年6月,教育部高等学校信息安全类专业教学指导委员会成立大会暨第一次会议在北京胜利召开。本次会议由教育部高等学校信息安全类专业教学指导委员会主任单位北京工业大学和北京电子科技学院主办,清华大学出版社协办。教育部高等学校信息安全类专业教学指导委员会的成立对我国信息安全专业的发展起到重要的指导和推动作用。2006 年,教育部给武汉大学下达了"信息安全专业指导性专业规范研制"的教学科研项目。2007 年起,该项目由教育部高等学校信息安全类专业教学指导委员会组织实施。在高教司和教指委的指导下,项目组团结一致,努力工作,克服困难,历时 5 年,制定出我国第一个信息安全专业指导性专业规范,于 2012 年年底通过经教育部高等教育司理工科教育处授权组织的专家组评审,并且已经得到武汉大学等许多高校的实际使用。2013 年,新一届教育部高等学校信息安全专业教学指导委员会成立。经组织审查和研究决定,2014 年,以教育部高等学校信息安全专业教学指导委员会的名义正式发布《高等学校信息安全专业指导性专业规范》(由清华大学出版社正式出版)。

2015 年 6 月,国务院学位委员会、教育部出台增设"网络空间安全"为一级学科的决定,将高校培养网络空间安全人才提到新的高度。2016 年 6 月,中央网络安全和信息化领导小组办公室(下文简称"中央网信办")、国家发展和改革委员会、教育部、科学技术部、工业和信息化部及人力资源和社会保障部六大部门联合发布《关于加强网络安全学科建设和人才培养的意见》(中网办发文〔2016〕4 号)。2019 年 6 月,教育部高等学校网络空间安全专业教学指导委员会召开成立大会。为贯彻落实《关于加强网络安全学科建设和人才培养的意见》,进一步深化高等教育教学改革,促进网络安全学科专业建设和人才培养,促进网络空间安全相关核心课程和教材建设,在教育部高等学校网络空间安全专业教学指导委员会和中央网信办组织的"网络空间安全教材体系建设研究"课题组的指导下,启动了"网络空间安全重点规划丛书"的工作,由教育部高等学校网络空间安全专业教学指导委员会秘书长封化民教授担任编委会主任。本规划丛书基于"高等院校信息安全专业系列教材"坚实的工作基础和成果、阵容强大的编审委员会和优秀的作者队伍,目前已有多部图书获得中央网信办与教育部指导和组织评选的"网络安全优秀教材奖",以及"普通高等教育本科国家级规划教材""普通高等教育精品教材""中国大学出版社图书奖"等多个奖项。

"网络空间安全重点规划丛书"将根据《高等学校信息安全专业指导性专业规范》(及后续版本)和相关教材建设课题组的研究成果不断更新和扩展,进一步体现科学性、系统性和新颖性,及时反映教学改革和课程建设的新成果,并随着我国网络空间安全学科的发展不断完善,力争为我国网络空间安全相关学科专业的本科和研究生教材建设、学术出版与人才培养做出更大的贡献。

我们的 E-mail 地址是:zhangm@tup.tsinghua.edu.cn,联系人:张民。

"网络空间安全重点规划丛书"编审委员会

前　言

没有网络安全,就没有国家安全;没有网络安全人才,就没有网络安全。

为了更多、更快、更好地培养网络安全人才,许多学校都加大投入,聘请优秀教师,招收优秀学生,建设一流的网络空间安全专业。

网络空间安全专业建设需要体系化的培养方案、系统化的专业教材和专业化的师资队伍。优秀教材是网络空间安全专业人才培养的关键。但是,这又是一项十分艰巨的任务。原因有二:其一,网络空间安全的涉及面非常广,包括密码学、数学、计算机、通信工程等多门学科,因此,其知识体系庞杂、难以梳理;其二,网络空间安全的实践性很强,技术发展更新非常快,对环境和师资要求也很高。

"VPN技术与应用"是网络空间安全和信息安全专业的基础课程,通过对VPN技术各方面知识的介绍,使学习者掌握VPN技术及应用。本书共分为5章。第1章介绍VPN的基本知识,第2章介绍VPN技术,第3章介绍IPSec VPN,第4章介绍SSL VPN,第5章介绍典型案例。

本书既适合作为高等学校网络空间安全、信息安全等专业的教材,也适合作为网络安全研究人员的入门基础读物。随着新技术的不断发展,作者今后将不断更新本书内容。

由于作者水平有限,书中难免存在疏漏和不妥之处,欢迎读者批评指正。

作　者
2020 年 12 月

目 录

第 1 章

VPN 的基本知识

为了拓展业务、满足市场需求,企业并购、发展与跨国化已经成为必然趋势,越来越多的企业开始在不同的地方设置分支机构。在企业网的功能方面,不仅要求各分支机构之间实现实时的信息共享与交流,同时还需要某种机制来保证企业信息的安全。对于企业不同分支机构间的子网通信安全问题,传统的解决办法是通过租用并独占专用线路或自建线路来连接分布在不同地域的企业子网,但这种独占信道的全时付费方式给企业带来了昂贵的专线费用,同时又导致专线资源利用不充分、网络运营成本高的问题。针对这些问题,可以通过使用虚拟专用网(Virtual Private Network,VPN)技术,在公共网络上虚拟出逻辑上的专用网络,以连接分布在各地的企业子网和移动办公用户。虚拟专用网费用相对低廉,用户可以依据自己的需求定制专用网络,这些优势推动了 VPN 的发展。

本章主要介绍 VPN 的基本知识,使学习者了解 VPN 的产生背景与发展趋势,掌握 VPN 的功能与技术特点。

1.1 VPN 的产生背景

计算机网络根据其覆盖地域的大小分为局域网、城域网和广域网。

局域网(Local Area Network,LAN)是在一个局部的地理范围内(如一个学校、工厂和机关内,一般是方圆几千米以内)将各种计算机、外部设备和数据库等互相连接起来组成的计算机通信网。局域网可以实现文件管理、应用软件共享、外部设备共享、工作组内的日程安排、电子邮件和传真通信服务等功能。严格意义上的局域网是封闭型的。它既可以由办公室内的几台计算机组成,也可以由一个园区(如校园)内的上千上万台计算机组成。

城域网(Metropolitan Area Network,MAN)是在一个城市范围内所建立的计算机通信网,属宽带局域网。MAN 的一个重要用途是用作骨干网,通过它将位于同一城市内不同地点的主机、数据库以及局域网等互相连接起来,这与广域网的作用有相似之处,但两者在实现方法与性能上有很大差别。

广域网(Wide Area Network,WAN)通常覆盖很大的地理范围,其范围可以从几十千米到几千千米。它能连接多个城市、国家甚至横跨几个洲,并能提供远距离通信,形成国际性的远程网络。目前,Internet 就是最大的一个广域网。

在计算机网络和企业信息化发展初期,各企业管理和访问信息系统的用户基本都在局域网内,公司业务系统无分支机构网络,也无跨国合作网络,企业信息系统的管理压力小,只要能够很好地收集、处理数据,即可满足企业运营需求。

1.1.1　远程接入

随着经济的发展,企业跨地区、跨国发展越来越快,在全国乃至全球的合作伙伴日益增多。经济全球化带来各种新的需求,例如,外出办公的员工需要访问公司资源,企业各分支机构之间需要进行及时和有效的通信,企业在全球各地的分支机构需要访问企业总部的资源,等等。将企业各分支机构的内部网络互联,实现资源共享,同时,让企业的合作伙伴和企业移动办公的员工可以安全地访问企业内部网络,成为企业的迫切需求。

普通电话拨号技术是历史最久远的远程接入技术。普通电话拨号的基本实现方式是:在两个网络设备上分别安装带有调制解调器(modem)的网络连接设备,通过电话拨号的形式远程接入电信运营商提供的专线,以此实现组网。但普通电话线路的网络连接速度并不能满足企业网络的需求,存在以下问题:

(1)费用高昂。电信运营商提供的专线组网方式费用比较高,尤其是距离较长、带宽要求较高的专用网络线路,其所需的租用费用往往特别高,只有少数大型企业可以承受。而对于绝大多数企业,特别是中小规模企业来说,通过租用专线来实现分支机构的互联或者移动用户的远程接入是不太现实的选择。

(2)数据传输不安全。从安全方面考虑,电信运营商提供的传输平台对数据不进行加密处理,所有数据均以明文方式在网上传输,别有用心的人可以利用 Sniffer 等网络监听分析工具来篡改、窃取甚至破坏企业数据,给企业造成不可估量的损失。

(3)缺少访问控制。由于早期电信运营商提供的传输平台没有访问控制和安全隔离的功能,可能会出现企业内部员工越权访问、误操作、有意或无意泄密的情况,甚至有恶意破坏企业数据的可能。另外,非法人员也可以通过带有特定功能的黑客程序(此类工具在 Internet 上可以任意下载)或盗取授权员工的账号等方式进入企业网络系统,窃取或破坏企业数据,给企业造成不可估量的损失。

随着企业业务的不断扩大和跨地域发展,传统的远程办公解决方案已难以满足企业的通信需求。从企业客户的角度来看,最佳的远程访问解决方案必须能够随时随地通过任何硬件或软件平台迅速、便捷地连接到企业网络平台,并且能够快速地获得需要的信息和数据;从企业的角度来看,业务系统必须充分满足不同用户、不同系统配置、不同接入方式的需求,这对业务数据传输系统的安全性、经济性和便捷性也提出了新要求。因此,必须采用新的 Internet 安全技术来满足企业在数据共享方面安全、快速的需求。

1.1.2　分支互联

随着全球经济的不断发展,越来越多的企业需要在全国乃至世界范围内建立各种分支机构、分公司、研究所等,企业间的收购、兼并、建立联盟也时有发生。各个分支机构之间传统的网络连接方式一般是租用专线。但随着分公司增多和业务拓展,企业网络结构趋于复杂,费用高昂。有的分公司和总部共享所有经营数据,但并不希望其他分公司能够访问自己的数据,各个分公司员工在内部系统中需要有合理的权限,以保证企业私有数据信息的安全。

连锁超市、物流公司、银行、加油站等分支机构网络较为复杂的企业迫切需要一个搭建费用经济实惠、权限管理便捷且易于更改网络拓扑结构的内网系统解决办法。

1.1.3　移动办公

企业的发展必然带来员工移动性的增大,领导和办事人员时有出差的需求,导致他们无法全天守在办公室中批示和处理工作事务。企业希望能让员工在外地也能够随时进行资料上传、下载和访问内网等操作,实现移动办公。另外,网络运维人员对企业分支机构进行远程维护、应用授权管理或者日志分析,都需要访问企业内部的办公自动化(Office Automation,OA)系统、数据库系统和邮件服务器等,以获取企业内部的私有数据。因此,移动办公应运而生。

BYOD(Bring Your Own Device)指携带自己的设备办公,这些设备包括笔记本电脑、手机、平板电脑等。企业员工可以使用这些设备在机场、酒店、咖啡厅等公共场所登录公司邮箱和 OA 系统等,以实现在线办公。

移动办公的含义是可在任何时间(Anytime)、任何地点(Anywhere)处理与业务相关的任何事情(Anything),这是一种全新的 3A 办公模式。移动办公系统是以手机等便携终端为载体实现的移动信息化系统,该系统将智能手机、无线网络、OA 系统三者有机结合,实现任何办公地点和办公时间的无缝接入,提高了办公效率。它可以连接企业原有的各种 IT 系统,包括 OA、邮件、企业资源计划(Enterprise Resource Planning,ERP)、以及其他各类业务系统,使手机也可以操作、浏览、管理企业的全部工作事务,也提供了一些无线环境下的新特性和新功能。其设计目标是帮助用户摆脱时间和空间的限制,随时随地处理工作,提高效率,增强协作。它使信息指令能更快地传递,使得工作场所变得没有局限,让办公事务变得可以随心所欲。移动办公是当今高速发展的通信业与 IT 业交融的产物,它将通信业在沟通上的便捷和用户规模与 IT 业在软件应用上的成熟和业务内容上的丰富完美地结合到了一起。它的使用简便、适用性广、功能性强等特性,使其在改造和提升各产业竞争力,更大程度地发展社会生产力,推动节约型社会建设等方面都有出色的表现。

根据具体应用方式的不同,移动办公大致可以分为两种类型。一种需要在移动终端安装移动信息化客户端软件才能使用;另一种则无须安装软件,借助运营商提供的移动化服务就可以直接进行移动化的办公。前一种能实现的功能非常强大,对于移动终端的要求也较高。一般需要以智能手机为终端载体,它通过在企业内部部署一台用以实现手机和计算机网络信息对接的服务器,使得手机可以和企业的办公系统等几乎所有的企业级业务和管理系统对接。而后一种则能实现一些常规的企业办公功能,它不需要与企业 OA 系统对接,就可实现包括公文流转、公文签批、日程管理、通讯录、新闻资讯等在内的常规企业办公功能。

移动办公系统的蓬勃发展给企业的移动办公提供了更多的可能,同时也带来了新的潜在安全风险。许多重要业务系统延伸至移动智能终端,为人们办公带来了便利,但由于网络系统具有开放性,现有网络协议和软件系统存在各种安全缺陷或漏洞,各种移动网络攻击事件频发,数据在网络传输的过程中极容易遭受攻击者的恶意攻击。如果数据在移动终端和企业内网之间采用明文传输的方式,无任何安全防护措施,那么企业数据就会面临被攻击者截获的风险,极容易造成企业数据的泄露,给企业带来巨大的经济损失。

企业移动办公员工通过无任何防护措施的方式访问企业内网数据的过程如图 1-1 所示。

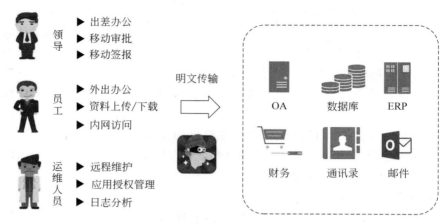

图 1-1 无防护措施访问企业内网数据示意图

为了保障移动办公的安全,保护企业的隐私信息不被泄露,企业需要采用能够让移动终端安全、便捷地访问内网的办法,使之能够验证用户的身份与其对内部网络的访问或管理权限,并且能够对网络上传的企业私有数据进行加密。

根据中国反网络病毒联盟的分类标准统计,截至 2017 年,Android 平台恶意软件中比例最高的是资费消耗类恶意软件,即以推销广告、消耗流量等手段增加手机用户的流量资费,为商家谋取经济利益。当前主流运营商的资费模式重心已经转向流量,而不再单纯倚重语音通话,因此资费消耗类恶意软件对用户资费造成的影响比较明显。此外,还存在强制性下载其他软件、窃取隐私、远程控制、恶意扣费等恶意软件。

移动终端上网行为的有效管控是保证企业网络安全的关键,尤其要注意隐藏在丰富的 Web 应用背后的挂马、钓鱼网站等威胁,移动办公面临的安全问题不容忽视。常见的移动办公安全问题有以下 5 类。

1. 移动终端难管控

PC 和手机、iPad 等多种智能移动终端设备能够通过远程接入方式进入企业内网进行办公,但是由于智能终端移动应用种类多,导致应用权限划分不清、难以统一管控的问题日益突出。由于对移动设备难以设置有效的控制,企业内部的敏感信息可能通过截屏等方式被恶意泄露。

屏幕录制漏洞(CVE-2015-3878)是由奇安信团队在 2015 年发现并提交给 Google 安全团队的。Google 公司在 Android 5.0 中引入了 MediaProjection 服务,该服务可以让应用开发者获取屏幕内容和记录系统音频。在 Android 5.0 之前,应用开发者需要使应用在 Root 权限下运行或者用设备的 Release Key 对应用进行签名,只有这样才可以利用系统保护权限获取屏幕内容。应用在使用 MediaProjection 服务时,不需要在 AndroidManifest.xml 中声明请求的权限,只需要通过 intent 请求 MediaProjection 服务的访问权限。当应用要获取屏幕内容时,MediaProjection 服务通过 System UI 的弹窗提示用户,以实现向应用授权。攻击者可以用任意消息来覆盖 System UI 的弹窗提示,诱使用户点击,使攻击者的应用获得授权。

2. 移动终端环境安全难保障

木马或者其他恶意软件可以潜藏在智能终端设备中。该设备一旦接入企业内部网络,恶意软件就可以以智能终端设备为跳板潜入企业业务系统,影响整个企业内部网络的正常运转,给企业造成损失。

3. 终端准入难设定

智能终端类型及型号非常多,难以设定智能终端的准入原则。一旦对"越狱"设备或者携带病毒的设备敞开了企业内网大门,企业核心业务系统的数据就将面临各种泄密风险。与此同时,身份冒用和越权访问也时有发生,这些都将给企业带来经济损失。

4. 应用传输安全难保证

云应用程序、社交媒体和高性能的移动设备提供了更多的途径来访问企业数据。移动数据在不同的设备和网络之间通过专用信道进行传输时的安全性难以保证,使得企业的网络和敏感数据容易受到攻击而泄露。

5. 设备丢失风险大

移动设备最大的特点是便携性,员工可以利用移动设备随时随地办公。但移动设备也有很高的丢失风险。移动设备一旦丢失或者被盗,损失的不止移动设备本身,其中的企业私有数据也会随之丢失。

上述问题的存在原因既有技术因素,也有管理因素和人员因素。因此,必须从技术手段、管理制度和人员培训等方面采取有效的措施来防范风险和修补存在的安全漏洞,提高移动办公的安全防范能力和水平。

1.1.4　邮件安全

电子邮件是不同企业之间以及企业内部员工之间通信和交换资源的主要方式之一。但是,由于电子邮件编码协议、传输协议相对简单,加上发送电子邮件成本低廉,多年以来,电子邮件一直是互联网安全的重灾区,存在着病毒侵扰、垃圾邮件、邮件泄密、邮件欺诈等诸多安全问题。随着我国企业信息化建设日渐完善,电子邮件的安全问题日益凸显。不法分子开始注意到电子邮件里可能蕴含的"商机":若能够窃取企业利用电子邮件讨论的商业机密或员工通信时传送的企业内部数据,再卖给想要获得这些信息的人,便可从中获利。

如何保证在端对端通信时敏感信息不被泄露以及在传输过程中通信内容不被篡改,成为企业电子邮件通信迫切需要解决的问题。在移动办公的情况下,企业还需要能够保证移动端电子邮件的安全,使移动端电子邮件在传输过程中不被篡改、截获,到达接收方的电子邮件数据不被泄露。

1.1.5　通信加密

网络通信的天然属性就是开放性。然而,开放性也导致了许多安全方面的漏洞,随着企业内外网络安全环境的日益恶化,信息窃取和网络攻击活动也逐渐变得猖獗。同时网络的恶意行为趋势也渐渐变得明显,这引起了人们充分的重视。在互联网技术发展的过程中,各种针对加密技术的解密技术也在不断发展,尽管在业务数据传输的过程中使用了加密算法对业务数据进行加密保护,但因为加密算法比较简单,较容易被破解,因此一些不法人员仍然能够对网络上传输的企业内部数据进行拦截、破解,造成企业业务数据的泄露,给企业带来不可估量的经济损失。

1.2　VPN 概述

VPN 是构建在公共物理网络之上的逻辑网络,通过在两个网络之间建立一条临时虚拟专用连接进行数据的可靠加密传输。随着 Internet 的快速发展及其应用领域的不断推广,政府、外交、军队和跨国公司等已经广泛地利用廉价的公用基础通信设施建立自己的专用广域网,进行数据的安全传输。

1.2.1　VPN 的产生

随着经济的发展,企业的分布范围逐渐扩大,合作伙伴日益增多,企业员工的移动性也不断增大。为满足企业日益增长的业务需求,让企业员工无论身处何地都能够安全地访问企业资源,企业迫切需要构建自己的企业网,以便移动办公人员在企业以外的地方也可以安全地访问企业内部数据。

最初,企业采用的方式是向电信运营商租赁专线为企业提供二层链路,这种方法虽然可以实现员工在外部网络通过专用网络的形式接入企业内部网络并访问企业内部数据,但这种方式建设周期长、价格昂贵且难于管理,无法满足企业对于网络灵活性和经济性的需求。

此后,随着异步传输模式(Asynchronous Transmission Mode,ATM)和帧中继技术的兴起,电信运营商开始使用虚电路的方式来为企业建立点对点的二层链路,企业在二层链路的基础上建立自己的三层网络以承载 IP 等数据流。虚电路的方式相较于租赁专线的方式有许多的改进之处,例如电信运营商提供服务的建设时间短、价格低且不同专网能共享电信运营商的网络结构。但是,这种虚电路的方式依赖于专用的传输介质。例如,为了提供基于 ATM 的专用网络服务,电信运营商需要建立覆盖全部服务范围的 ATM 网络,不能充分利用现有的公共网络,造成网络建设上的浪费;又如,数据在基于虚电路的网络上传输速度不够高,达不到当前 Internet 中已经实现的速率;再如,基于虚电路的专用网络配置方式十分复杂,尤其是向已有的私有网络中加入新的站点时,需要同时修改所有接入此站点的边缘节点的配置。

企业在传统专网的支持下,效益日益增长,同时也对网络的灵活性、安全性、经济性和扩展性等方面提出了新的需求。面对移动业务未来的广阔市场以及为解决移动办公存在的种种问题和挑战,VPN 技术应运而生。VPN 技术是在公共物理网络上建立一条临时的虚拟专用连接进行数据传输,并且对传输的数据进行加密,在满足企业外部员工访问内部资源的基础上,保证企业内部数据的安全。

VPN 技术依靠 Internet 服务提供商(Internet Service Provider,ISP)和网络服务提供商(Network Service Provider,NSP)在公共网络(Internet 或企业公共网络)中为企业建立虚拟的加密专用网络通道,构筑企业自己的安全的虚拟专网,使得企业跨地区分支机构或出差人员可以在远程通过 VPN 访问企业内部的资源。当客户端通过 VPN 连接与专用网络中的计算机进行通信时,先由 ISP 将所有的数据传送到 VPN 服务器,然后再由 VPN 服务器负责将所有的数据传送到目的计算机。利用 VPN 技术建立的网络专用虚拟通道示意图如图 1-2 所示。

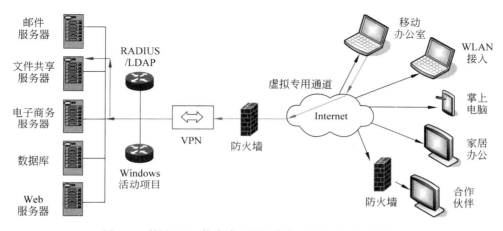

图 1-2 利用 VPN 技术建立的网络专用虚拟通道示意图

VPN 是对企业内部网络的扩展,可以帮助企业的远程用户、分支机构、商业伙伴和企业内网建立可信的安全连接。VPN 特有的经济性和安全性等特点使得其应用领域不断扩大,大量政府部门、银行、跨地区企业等使用 VPN 技术在公共的基础网络的基础上实现经济实惠的专用网络,从而完成数据的安全传输。

1.2.2 VPN 的特征

VPN 技术具有专用和虚拟两个特征。

(1) 专用。对于 VPN 用户来说,使用 VPN 与使用传统专网的目的相同,均是要在企业外部访问内部数据。但 VPN 技术在实现上与传统专用网络不同。一方面,VPN 与底层承载网络保持资源独立,在正常传输的情况下,VPN 资源不会被网络中其他 VPN 用户或者非 VPN 用户使用;另一方面,VPN 会为传输的数据提供安全保障。

(2) 虚拟。VPN 用户与企业内部网络的通信是通过在公共的基础网络上建立逻辑连接实现的,VPN 不是实际上的物理网络,这个公共的基础网络同时也被其他非 VPN 用户使用,但这并不影响在逻辑上独立的 VPN 专网。这个公共基础网络被称为 VPN 骨干网。

1.2.3　VPN 的分类

随着 VPN 技术的广泛应用，需要应用这一技术的业务场景也越来越多。为提供不同场景下的解决方案，VPN 技术得到了更广阔的发展，涌现了许多 VPN 新技术。按照不同的角度可将 VPN 方案分为多种类型。

1. 按应用平台分类

VPN 根据应用平台可分为软件 VPN 和硬件 VPN。

1）软件 VPN

当 VPN 对数据连接速率、性能和安全性要求不高时，可利用软件公司提供的完全基于软件的 VPN 产品来实现简单的 VPN 功能；甚至可以不另外购置软件，仅仅依靠 Windows 和 Linux 服务器客户端操作系统自带的 VPN 功能，就可以实现纯软件平台的 VPN 连接。

此类 VPN 一般性能较差，数据传输速率较低，同时安全性也比较低，一般仅适用于连接用户较少的小型企业或者个人用户。

2）硬件 VPN

使用硬件平台的 VPN 可以满足企业和个人用户对数据安全及通信性能的需求。在硬件平台 VPN 中，有专门的 VPN 设备，如网神 SecSSL 3600 安全接入网关等产品；也有集成在交换机、路由器或者防火墙设备中的 VPN 功能，如奇安信新一代智慧防火墙等产品中就自带一些 VPN 功能。

另外，有些硬件平台 VPN 不仅需要硬件设备，还需要在移动接入用户的客户端安装接入软件；也有些硬件平台 VPN 不需要在客户端安装接入软件，仅需要客户端有支持 SSL 协议的安全浏览器，如 IE、360 安全浏览器等。

2. 按业务场景分类

根据应用的业务场景不同，VPN 可以大致分为 3 类：企业内部虚拟专网、远程访问虚拟专网和扩展的企业内部虚拟专网。

1）企业内部虚拟专网

企业内部虚拟专网（Intranet VPN）通过公共网络进行企业内部多个分支机构与企业总部网络的互联，是传统专网或其他企业网的扩展或替代形式。使用 Intranet VPN，企业总部、分支机构、办事处或移动办公人员可通过公共网络组成企业内部网络。Intranet VPN 为企业的跨地区、国际化经营提供一个很好的解决方案。

Intranet VPN 通过公共网络或第三方专用网络实现点对点的网络互联，容易建立连接，连接速度快，并可以对各分支机构设置相应的网络访问权限。Intranet VPN 的典型网络结构如图 1-3 所示。

2）远程访问虚拟专网

远程访问虚拟专网（Access VPN），也被称为拨号 VPN，是指企业员工或企业的分支机构通过公共网络远程拨号的方式构建的 VPN。这种方式能使用户随时随地按需访问企业资源，支持使用传统有线接入、无线接入和有线电视电缆等拨号技术，安全地连接移

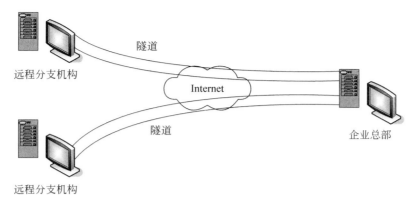

图 1-3　Intranet VPN 的典型网络结构

动用户、远程工作的员工或者分支机构和公司总部网络。

　　Access VPN 是一种二层（数据链路层）VPN 技术，可以实现点对点（如两台主机之间）、端对点（如移动办公设备与公司网络之间）或者点对点（如分支机构与公司总部网络之间）的远程连接，安全性高，具有灵活的身份认证机制和网络计费方式，并且支持动态地址分配，适合企业内部人员的移动办公或者商家提供的企业到客户的安全访问服务。Access VPN 的典型网络结构如图 1-4 所示。

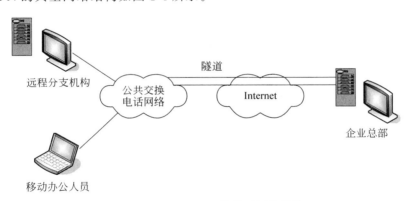

图 1-4　Access VPN 的典型网络结构

　　Access VPN 对于需要移动办公的企业不失为一种经济安全且灵活自由的方式，因此很多中小企业采用这种 VPN 模式。但这种 VPN 模式的连接性能较差，不适用于大量用户访问或高负载应用的情况。

　　3）扩展的企业内部虚拟专网

　　扩展的企业内部虚拟专网（Extranet VPN）的基本网络结构与 Intranet VPN 一样，只是连接的对象有所不同。当企业间发生并购或者建立了商业联盟后，需要提供企业到企业电子商务之间的安全访问服务。不同企业的网络通过公共网络构建虚拟网时，可以利用 Extranet VPN 将企业网延伸至供应商、合作伙伴与客户处，在具有共同利益的不同企业间通过公共网络构建 VPN，使部分资源能够在不同 VPN 用户之间共享。Extranet

VPN 的典型网络结构如图 1-5 所示。

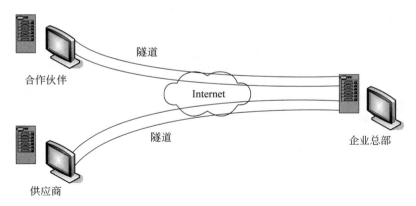

图 1-5　Extranet VPN 的典型网络结构

Extranet VPN 也可使用支持点对点网络连接的 VPN 解决方案,二者只是在 VPN 用户对网络资源的访问权限配置上有所区别。

3. 按实现层次分类

按照 VPN 技术实现的网络层次,可以将 VPN 分为基于数据链路层的 VPN、基于网络层的 VPN 和基于应用层的 VPN。

1）基于数据链路层的 VPN

基于数据链路层的 VPN 也称 L2VPN,是基于计算机网络体系结构中的数据链路层实现的 VPN。L2VPN 的实现技术比较多,例如,L2TPVPN、L2FVPN 和 PPTPVPN 都属于 L2VPN。

2）基于网络层的 VPN

基于网络层的 VPN 也称 L3VPN,是基于计算机网络体系结构中的网络层实现的 VPN。L3VPN 的实现技术有 GRE VPN、IPSec VPN 和 MPLS VPN 等,其中 IPSec VPN 多在接入层被使用。

3）基于应用层的 VPN

基于应用层的 VPN 也称 SSL VPN。其部署简单、结构灵活且安全性较高,目前很多 VPN 安全接入产品都使用 SSL VPN,例如,网神 SecSSL 3600 安全接入网关就是基于 SSL VPN 实现的。

1.2.4　VPN 接入方式

在移动互联网时代,随着移动存储技术及商务模式的发展,企业对员工移动办公、远程接入总部内网办公的需求越来越多。领导、员工出差时也会通过不同移动终端访问内部数据,传统的互联网接入服务已越来越难以满足用户的需求。对于不同系统的不同终端设备,如何提供统一的安全快速的远程接入服务,是移动办公最主要的问题之一。

远程用户可以通过 VPN 接入企业网,主要有拨号 VPN、IPSec VPN 和 SSL VPN 3 种接入方式。

1. 拨号 VPN 远程接入

目前有很多种方法可以建立拨号 VPN 网络,主流的 VPN 实施方案是采用点对点隧道协议(Point-to-Point Tunneling Protocol,PPTP)的方式。PPTP 是一种支持多协议 VPN 的隧道协议,是链路层点对点协议(Point-to-Point Protocol,PPP)的扩展。PPTP 通过控制连接来创建、维护和终止一条隧道,并使用通用路由封装(Generic Routing Encapsulation,GRE)将 PPP 帧封装成 IP 数据包,以便能够在基于 IP 的互联网上进行传输,用于让远程用户拨号连接到本地的互联网服务提供商,通过因特网安全远程访问公司资源。

在客户端发起的 VPN 接入中,远程用户首先拨号到本地 ISP 拨号服务器,然后再由客户端发出请求并建立到企业内部网的加密隧道,这是一种自发隧道的模式。基于 PPTP 远程访问 VPN 的拓扑结构如图 1-6 所示。

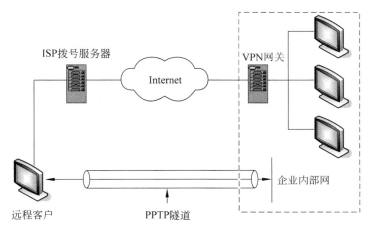

图 1-6　基于 PPTP 远程访问 VPN 拓扑结构

用户通过宽带拨入 ISP 拨号服务器,这一过程采用 PPP 协议,然后将 Internet 作为线路,将 PPP 报文封装到 IP 报文中送至 VPN 网关。此时,VPN 网关扮演虚拟拨号服务器的角色,完成 PPTP 报文的解封装、用户身份的认证以及虚拟 PPP 链路的建立,最后进入企业内部网的报文是普通 IP 数据包。

2. IPSec VPN 远程接入

Internet 协议安全性(Internet Protocol Security,IPSec)是一种三层隧道协议,通过使用加密的安全服务以确保在 Internet 协议(IP)网络上进行保密的安全通信。

基于 IPSec 远程访问 VPN 的拓扑结构如图 1-7 所示。

IPSec VPN 远程接入方式与基于 PPTP 虚拟拨号方式的 VPN 非常类似,不同的是 PPTP 虚拟拨号方式是将 PPP 包封装到 IP 包中,而 IPSec VPN 远程接入方式是将 IP 包封装到另一个 IP 包中。

使用 IPSec VPN 远程接入方式具有较高的安全性,但需要在移动终端安装并配置客户端,通过客户端实现对企业内部资源的访问。VPN 的建立和管理与 ISP 无关,ISP 仅仅提供用户到 Internet 的接入服务;另外,由于 IPSec VPN 对 IP 数据包进行封装,所有

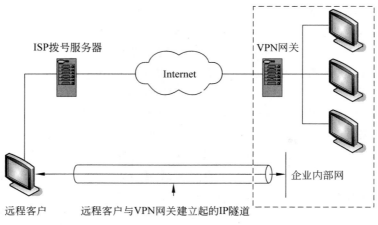

图 1-7　基于 IPSec 远程访问 VPN 拓扑结构

的工作均在 IP 层实现，VPN 网关仅仅需要实现数据包的解封和转发，因此 VPN 的效率比较高。

虽然 IPSec VPN 在安全性和灵活度上有所提高，但也存在一些缺点：IPSec VPN 需要先完成客户端的配置，才能建立通信信道，而客户端的配置过程十分复杂，当用户的 VPN 策略稍微改变时，VPN 的管理难度就会以几何级数增长，这导致 IPSec VPN 兼容性比较差，部署和维护方面比较麻烦；此外，由于 IPSec 是建立在网络层的协议，对应用控制的细分度不够，且 IPSec VPN 在安全认证方式上过于单一，无法明确区分使用某终端接入 IPSec 的人是否为指定的授权用户，难以满足用户认证的需求。

3. SSL VPN 远程接入

安全套接层（Secure Socket Layer，SSL）协议是目前广泛应用于浏览器与服务器之间的身份认证和加密数据传输的协议。SSL 协议采用对称加密技术对传输数据进行加密，采用非对称加密技术进行身份认证和交换对称加密密钥。

SSL VPN 与拨号 VPN、IPSec VPN 最重要的区别是：SSL VPN 是一种应用层的 VPN 远程连接方式，而另外两种是网络层的 VPN 远程连接方式。

SSL VPN 远程接入的实现过程是：远程客户利用浏览器内建的 SSL 封包处理功能，用浏览器连接企业的 SSL VPN 网关，然后通过网络封包转向的方式，让用户可以在远程计算机执行应用程序，读取企业内部服务器数据。它采用标准的安全套接层对传输中的数据包进行加密，从而在应用层保护数据的安全。基于 SSL 的远程访问 VPN 拓扑结构如图 1-8 所示。

SSL VPN 克服了 IPSec VPN 的不足，具有以下优势。

（1）配置简单。SSL 协议被内置于 IE 和 360 安全浏览器等浏览器之中，使用 SSL 协议进行认证和数据加密的 SSL VPN 无须安装客户端，用户可以轻松实现安全易用、配置简单的远程访问。

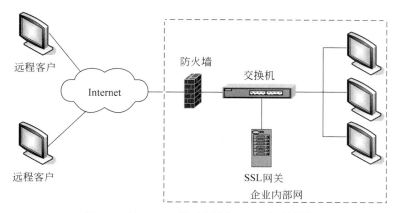

图 1-8　基于 SSL 的远程访问 VPN 拓扑结构

（2）细分控制。SSL VPN 是基于应用层的远程连接方式，可以进行丰富的业务控制，在对应用的细分控制上有独到之处。例如，行为审计可以记录每名用户的所有操作，为更好地管理 VPN 提供了有效统计数据，从而可以降低企业的总成本并提高远程用户的工作效率。

（3）认证多样。支持多种认证方式，包括本地认证、邮箱认证、LDAP（Lightweight Directory Access Protocol，轻量目录访问协议）认证、AD（Active Directory，动态目录）域认证、短信认证等，满足用户多种认证方式的需求。

1.2.5　VPN 的优势

与传统网络相比，VPN 的出现解决了传统专用网络中的众多问题，优势突出。下面分别从用户的角度和网络运营商的角度阐述 VPN 技术的优势。

1. 从用户角度

从用户角度来看，VPN 具有以下优势：

（1）安全。VPN 使用 3 方面的技术（通信协议、身份认证和数据加密）保障通信的安全性，可以在远端用户、驻外机构、合作伙伴、供应商与企业总部之间建立可靠、安全的网络连接，保障数据传输的安全性，与直接通过公共网络通信相比更加安全。

（2）IP 地址安全。VPN 在 Internet 中传输数据时对数据进行加密，Internet 上的用户只能看到公有 IP 地址，而看不到数据包内包含的专用 IP 地址。

（3）廉价。VPN 利用公共网络进行数据信息的通信，企业可以以更低的成本连接远程办事机构、出差人员和业务伙伴等。

（4）支持移动业务。支持驻外员工在任何时间、任何地点通过目前已非常普及的各种廉价 Internet 接入方式连接到远程的企业内部网络，能够满足不断增长的移动业务需求。

（5）服务质量保证。构建具有服务质量保证（Quality of Service，QoS）的 VPN，可以为 VPN 用户提供不同等级的服务质量保证，减少网络时延和数据传输过程中的丢包率。

（6）支持最常用的网络协议，如以太网、TCP/IP 和 IPX（Internetwork Packet Exchange，互联网络包交换）。网络上的客户端可以很容易地使用 VPN。不仅如此，任何支持远程访问的网络协议在 VPN 中也同样得到支持。这意味着可以远程运行依赖于特殊网络协议的程序，因此可以减少安装和维护 VPN 连接的费用。

（7）完全控制主动权。企业可以利用 ISP 的设施和服务，同时又完全掌握对企业内部网络的控制权。例如，企业可以把拨号访问交给 ISP 去做，而自己负责用户查验、访问权限控制、网络地址转换、安全保障和网络变化管理等重要工作。

2. 从运营商角度

从运营商角度来看，VPN 具有以下优势：

（1）可运营。可以利用现有的公共网络设施提供 VPN 服务，提高网络资源的利用率，降低成本，有助于提高收益。

（2）灵活。通过软件配置就可以方便、快捷地增加、删除 VPN 用户的 VPN 方案配置，无须改动硬件设施，在应用过程中具有很大的灵活性。

（3）多业务。运营商在提供 VPN 互联的基础上，可以承揽网络外包、业务外包和客户化专业服务等多种业务的经营。

VPN 以其独具特色的服务方式赢得了越来越多企业的青睐。运营商可以只管理和运营一个网络，并在这个网络上同时提供多种服务，从而减少运营商在建设和网络运维等方面的费用，让企业可以致力于企业商业目标的实现，使得企业利益最大化。

1.3 VPN 的发展趋势

随着市场的日益扩大、技术的日新月异以及整合式安全的盛行，VPN 产品与技术正朝向多用途、简单易用、功能强大等多样化的趋势不断发展。目前国内的 VPN 应用主要集中在大型企业、跨国集团以及行业用户。一些垂直行业用户还能借助 VPN 创造其他价值。

VPN 已被普遍认为是当前实现远程安全访问最理想的新一代技术，是解决移动用户在公司外部访问内部应用问题时最简单、最安全、最经济的手段，在发达国家已经得到广泛应用。随着市场的日益扩大，用户的需求将成为 VPN 技术持续发展的动力，多用途、简单易用、功能强大的 VPN 产品将适用于不同的用户群，可以部署在宽带/窄带、拨号或移动通信网络上。可见，VPN 代表了信息化领域今后的发展趋势，它在满足用户对接服务需求的同时，还将集成越来越多的网络应用。

一般来说，企业在选用一种远程网络互联方案时都希望能够对访问企业资源和信息的权限加以控制。采用的方案应当既能够实现授权用户与企业局域网资源的自由连接和不同分支机构之间的资源共享，又能够确保企业数据在公共互联网络或企业内部网络上传输时的安全性不受破坏。因此，一个成功的 VPN 方案需要能够满足以下几方面的要求：

（1）用户验证。VPN 方案必须能够验证用户身份，只允许授权用户访问。

（2）地址管理。VPN 方案必须能够为用户分配专用网络上的地址并确保地址的安全性。

（3）数据加密。对通过公共互联网络传递的数据必须进行加密，确保其他未授权的用户无法读取该数据。

（4）密钥管理。VPN 方案必须能够生成并更新客户端和服务器的加密密钥。

（5）多协议支持。VPN 方案必须支持公共互联网络上普遍使用的协议，包括 IP、IPX 等。其中，以点对点隧道协议或第二层隧道协议（Layer 2 Tunneling Protocol，L2TP）为基础的 VPN 方案既能够满足以上所有的要求，又能够充分利用 Internet 的优势。

1.3.1　VPN 业务发展方向

由于 VPN 体系的复杂性和融合性，VPN 服务的成长速度将超越 VPN 产品，成为 VPN 发展的新动力。目前 VPN 市场份额仍以 VPN 产品为主。在未来的若干年里，VPN 服务所占的市场份额将超过 VPN 产品，这也体现了信息安全服务成为竞争焦点的趋势。

1. 运营商建设专有 VPN

MPLS VPN 是指采用多协议标签交换（Multi-Protocol Label Switching，MPLS）技术在作为骨干的宽带 IP 网络上构建企业 IP 专网。MPLS VPN 引起了全球运营商的普遍关注。国外的大运营商，如 AT&T、Sprint、Verizon、BellSouth、NTT，都应用了 MPLS VPN。例如，Sprint 公司拥有数据网互联方面所有的服务产品，包括旧有的传统专用线、帧中继、ATM、IP 接入等。随后 Sprint 公司在自己的专有 IP 网和全球 IP 平台上都采用了 MPLS VPN 接入技术，集成了原有的 Internet 接入和远程接入服务。中国网通公司在 2002 年 6 月推出了 MPLS VPN 服务，成为中国首个在全国范围内提供全程全网、端对端的宽带 MPLS VPN 业务的运营商。随着对市场前景的日益明朗，中国电信、中国铁通等公司也开始提供这项服务。后来，中国对电信业进行重组改制，工业和信息化部允许民营企业进入这一市场，通过引入竞争，使中国的 IP VPN 业务得到良性发展。同时，一些跨国运营商也开始关注中国市场，围绕 MPLS VPN 业务的竞争在中国市场上逐渐升温。

在公共信息基础平台上发展专有网络已经是大势所趋，唯一让用户担心的是安全性。实际上，MPLS VPN 针对一般用户，已经可以提供虚电路级的安全性。但是在特殊要求的场合，如公安、国防、电子政务、电子交易等领域，用户需要更高级别的安全保障措施。为吸引此类传统的专网用户，运营商应该提出更值得信赖的解决方案，如 IPSec VPN 和 MPLS VPN 接入技术等。当然，安全问题不可能仅靠运营商的 MPLS VPN 来保证，MPLS VPN 接入技术也无法保证绝对的安全。

2. 大型企业的 VPN 网络需求

对于企业来说，MPLS VPN 只是信息化的基础部分，未来的大型企业本身要集中管理，统一管理企业的人员、设备、供应链、市场等。这就需要搭建一个统一的网络平台，实现企业信息化，与企业实际应用结合，融合通信以及大型企业资源计划（EPR）的需求。

MPLS VPN 技术的先进性、可靠性、安全性等都可以满足企业未来发展的需求,因此,会有越来越多的企业考虑应用 MPLS VPN 方案,以满足未来信息化建设的需要。

3. VPN 厂商的竞争

随着整合式安全设备的发展,VPN 将被更多地集成在整合式安全体系中,而各种安全协议和语言的分裂与融合将更加激烈。VPN 厂商将根据形势转换角色,可能出现专门进行技术设计、系统制造和增值服务的不同类型的厂商。

4. VPN 技术发展

由于承载 VPN 流量的非专用网络通常不提供 QoS 保障,所以,VPN 解决方案必须整合 QoS 解决方案,才能够具有足够可用性,才具备实际应用价值。

5. 行业远景

随着信息化建设的不断深化,重点行业网络基础建设基本就绪。由于产品的采购中心将向维护网络系统安全方面转移,所以作为维护网络系统安全、高效地传输信息、文件必备工具的 VPN 产品必将成为众多行业用户竞相采购的焦点。VPN 产品及服务市场将体现出以下几个特点:

- VPN 产品的市场需求将持续快速增长。
- VPN 产品的安全性和保密性将日趋完善,以满足用户的需求。
- VPN 厂商的服务质量将会有实质性的提高。

中国的 VPN 市场起步较晚,但增长势头较快,VPN 产品正逐渐被越来越多的行业和企业用户所熟悉和使用,已经成为近年来中国市场上活跃的主流消费产品之一。

在中国,VPN 存在广泛且持续的市场需求,主要体现在以下几方面:

- 企业、政府信息化建设需要 VPN。
- 许多跨区域发展的大型企业为了实现资源的集中管理需要 VPN。
- 网上传输的内容从语音、文本发展到图像、视频等都需要 VPN。

1.3.2 VPN 技术和组网方案的差异化

1. 技术方面的差异

目前,针对不同的用户和人群、不同的市场需求和技术需要,VPN 也体现出不同的特色。

VPN 从技术方面看主要有以下 3 种实现方式:

(1) ATM/FR 方式。用于企业分支机构之间的互联,一般租用运营商提供的 ATM/FR 专用线路,并签订服务等级协议(Service-Level Agreement,SLA),有很高的 QoS 和稳定性、安全性要求,费用同样很高。

(2) MPLS VPN 方式。用于企业分支机构之间的互联,一般租用运营商提供的 MPLS VPN 线路,并签订 SLA,有很高的 QoS 和稳定性、安全性要求。

(3) IPSec 方式。用于企业分支机构之间的互联,使用专有硬件/路由器实现 IPSec 半永久拨号,一般不租用运营商的专用 VPN 线路,没有明确的 SLA 保证,使用基于

Internet 的半永久连接,对 QoS 和稳定性、安全性要求低或没有要求。目前此种方式的 VPN 随着基于 Web 的应用增多而呈现增多趋势。

2. 客户需求的差异

一般大型企业选择 VPN 方案时会综合考虑企业的实际情况、当前需求、企业信息化、发展规划、通信需求等,并具体考虑方案的可靠性、可扩展性、QoS 保障、安全保障等,因此,对于大型企业,应优先考虑 ATM/FR 方式或 MPLS VPN 方式。

而小型企业除了需要考虑企业信息化需求、可靠性和安全性外,对部署费用较为敏感,因此,对于小型企业,应优先考虑使用 IPSec 半永久拨号方式。

针对基于家居办公(Small Office Home Office,SOHO)的需求以及移动办公的需求,企业需要为员工提供方便的远程拨号接入手段,因此 IPSec 软件拨号、SSL VPN 拨号是这类需求的首选。

市场上还有一类企业,如银行,需要面向公众提供安全的、基于 Internet 的网络查询、业务办理等功能。此类企业一般首先考虑数据安全性和成本。因此,对此类企业来说,首选的是新型的、基于 SSL VPN 的、具有加密通信和数字证书等功能的解决方案。

3. 多样的应用需求

当前许多企业希望 VPN 不仅能提供安全、灵活、高效的网络服务,还能通过 VPN 获得语音、视频等方面的服务,如 IP 电话业务、视频会议、远程教学等。另外,随着企业规模化的发展,企业的合作伙伴、渠道和客户越来越多,对企业网的可拓展性提出了新的要求。例如,企业具有若干分支点,各分支点需要相互通信,对传输速率要求较高。此类需求适合采用光纤、双绞线等多种形式将企业分支机构接入 IP 城域网,实现基于 IP-MAN 的 MPLS VPN 组网。

企业的邮件服务器、文件服务器、认证服务器等放置在总部,分支机构需与总部通信。企业对传输速率要求不高。此类需求可采用 IPSec VPN 的解决方案,其分支机构通过 ADSL(Asymmetric Digital Subscriber Line,非对称数字用户线路)拨号、VPN 客户端软件与其总部通过隧道进行加密通信。

某些企业需要将下属各个业务点的业务信息通过安全的、价格低廉的宽带网络传输给总部,要求支持用户为数众多的业务点,并且对带宽有要求,网络与 Internet 隔离,直接进入内部网络,需要提供备份方案,确保网络的可用性。另外,要求下属业务点可以自动拨号到总部,尽量减少人工操作。针对上述业务需求,可以采用虚拟专用拨号网(Virtual Private Dial-up Network,VPDN)解决方案。

针对银行分支机构较多、安全性要求很高、各互联点对带宽的要求比较高的情况,可以考虑采用以太网接入方式,以减少客户端设备投资。这类企业适合采用二层交换 VPN 方案,为用户提供以太网接入。

总体来说,需要针对不同用户对带宽、接入方式以及组网结构的要求,选择适合的 VPN 技术和组网方案。

1.3.3　VPN 技术的适用场景

不同的 VPN 技术有不同的应用场景。例如,采用 IPSec VPN 技术的解决方案大都成本高、结构复杂,因为部署 IPSec VPN 需要对网络基础设施进行重大的改动,且 IPSec VPN 安全协议方案需要很多种 IT 技术的支持,包括建设和长期维护两个方面。而采用 SSL VPN 技术的解决方案结构简单,对网络结构不会有大的改动,管理起来比较简单、便捷。但这并不意味着 SSL VPN 技术可以取代 IPSec VPN 技术,这两种技术应用在不同的领域,相应的领域在一定时间内会继续存在。

SSL VPN 技术侧重于应用软件的安全性,特别是 Web 安全接入方面。IPSec VPN 技术是在两个局域网之间通过 Internet 建立安全连接,保护的是点对点的通信,它并不局限于 Web 应用,而是构建局域网之间的 VPN。相较于 SSL VPN 技术,IPSec VPN 的功能和应用的扩展性更强。

VPN 连接可以采用 PPTP、L2TP、IPSec、GRE 和 SSL 等实现方式。主要的 VPN 技术的特点和适用场景如表 1-1 所示。

表 1-1　主要的 VPN 技术的特点和适用场景

OSI 模型层	VPN 技术	特　点	适 用 场 景
第二层	PPTP	是 PPP 的扩展,将 PPP 数据包封装在 IP 数据包内通过 IP 网络(Internet 网络或 Intranet 网络)	微软、Ascend、3COM 等公司支持,在 Windows NT 4.0 以上版本中支持
第二层	L2TP	继承并扩展了 PPTP 的优点,可以让用户从客户端或者服务器端发起 VPN 的连接服务	由 IETF 组织起草,微软、Ascend、Cisco、3COM 支持,通常与 IPSec 协议结合使用
第二层	IPSec	是一个工业标准网络安全协议,为 IP 网络通信提供透明的安全服务,保护 TCP/IP 通信服务免受窃听和篡改,在有效抵御网络攻击的同时保证易用性	新一代 Internet 安全标准协议,只能在 IP 网络上工作,如果在非 IP 网络上工作,需要和 L2TP 协议或者 GRE 等隧道协议结合使用,使用时需要在客户机上实施 VPN 部署
第三层	GRE	规定了对数据包的封装方法,即用一种协议去封装另一种协议的办法,但是不提供网络安全机制,一般不单独使用	一般需要和 IPSec 协议结合使用
第三层	SSL	采用安全的身份验证机制,为应用访问提供认证、加密和防篡改服务,并且无须安装客户端,具有强大的功能和高度的便捷性	广泛应用于 Web 版的电子商务、远程办公,使用 SSL 协议加密,通过标准浏览器即可使用,无须安装客户端,不需要改变网络部署结构

1.4　思考题

1. 什么是 VPN?
2. 简述 VPN 的分类及各类的特点。
3. 简述 VPN 的接入方式并分析不同接入方式的区别。
4. 简述 VPN 的发展趋势,并分析 VPN 的发展前景。

第 2 章
VPN 技术

从技术角度看，VPN 集成了身份鉴别、访问控制、信息加密传输等多种技术。VPN 可描述为"以一种方式通过公共网络（通常是 Internet）进行隧道处理的能力，这种能力提供了与数字专线网络同样的安全性和其他特性"。VPN 从逻辑上延伸了企业内部网。

本章从 VPN 的原理与构成出发，分别介绍 VPN 的隧道技术、加密技术、身份认证技术以及其中涉及的协议、加密算法、身份认证算法等。

2.1 VPN 的原理与构成

2.1.1 VPN 的原理

VPN 是依靠 ISP（互联网服务提供商）和 NSP（网络服务提供商）在公共网络基础设施之上构建的专用的数据通信网络，这里所指的公共网络有多种，包括 IP 网络、帧中继网络和 ATM 网络等。

VPN 对物理网施加逻辑网技术，具有独立的拓扑结构。它利用 Internet 的公共网络基础设施，遵照安全通信标准把 Internet 上的两个专用网连接起来，提供安全的网络互联服务。VPN 可以连接两个网络（LAN 或 WAN）、一个主机与一个网络或者两个主机。它能够使运行在 VPN 之上的商业应用拥有几乎和专用网络同样的安全性、可靠性、优先级别和可管理性。

VPN 的基本原理是：利用隧道技术对数据进行封装，在 Internet 中建立虚拟的专用线路，即隧道，使数据在具有认证和加密机制的隧道中穿越，从而实现点对点或端对端的安全连接。

例如，在常规的直接拨号连接中，PPP（点对点协议）数据包流是通过专用线路传输的。而在 VPN 中，任意两个节点之间的连接并没有端对端的物理链路。PPP 数据包由一个 LAN 中的路由器发出，通过共享 IP 网络上的隧道进行传输，再到达另一个 LAN 中的路由器。这两种连接方式的关键不同点是隧道代替了实实在在的专用线路。隧道可以看作在 IP 网络中专设的一根通信电缆。

隧道可以有多种定义和实现。最初，人们对隧道的理解是在网络中建立一条固定的路径，以绕过一些可能失效的网关。如今实现隧道的机制是开发一种新的数据封装协议，仍然使用原 IP 头格式而无须指明网络路径，数据包就能透明地到达目的地。

2.1.2　VPN 的基本结构

实现 VPN 的关键是形成高效、安全、可靠的隧道,即基于隧道的数据封装和传输技术。计算机网络主要包括通信子网和资源子网两部分。隧道作为架构在通信子网上的一条数据通路,在其上传输的数据流需要经过加密来保证其安全性。VPN 的构成如图 2-1所示。

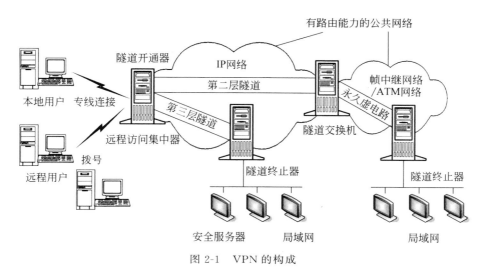

图 2-1　VPN 的构成

图 2-1 中包含一些隧道的基本要素,详细叙述如下:

(1) 隧道开通器的任务是在公共网络中启动并建立一条隧道。有多种网络设备和软件可完成此项任务,例如,带有调制解调器的 PC 和能够实现 VPN 的拨号软件,分支机构的 LAN 中有 VPN 功能的路由器,网络服务提供商的接入点中有 VPN 功能的访问集中器。

(2) 有路由能力的公共网络一般指的是基于 TCP/IP 的网络,特别是 Internet,也包括帧中继网络和 ATM 网络。

(3) 隧道终止器是隧道的终点,其任务是使隧道到此终止,不再继续向前延伸。有多种网络设备和软件可完成此项任务,例如,专门的隧道终止器、隧道交换机或者网络服务提供商提供的 Extranet 路由器上的 VPN 网关。

(4) 可选的隧道交换机既可作为隧道开通器也可作为隧道终止器,并作为 IP 网络和帧中继网络或 ATM 网络的互联设备。

VPN 中通常还有一个或多个安全服务器。安全服务器除提供防火墙和地址转换功能之外,还通过与隧道设备的通信来提供加密、身份查验和授权功能。它们通常提供带宽、隧道端点、网络策略和服务等级等信息。

2.2 VPN 的隧道技术

隧道可以看作从源端到目的端通过公共网络的线路建立的一条虚拟的专用通道,但隧道所采用的线路仍是公共网络中实际的线路。在 Internet 上构建的 VPN 隧道示意图如图 2-2 所示。

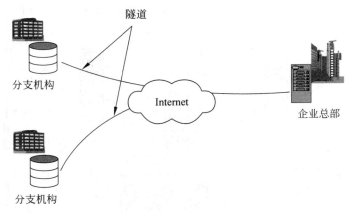

图 2-2　VPN 隧道示意图

隧道技术通过对通信数据进行封装,在公共网络上建立一条通信双方专用的通道,这个虚拟的专用通道便是隧道。

在 VPN 中采用隧道技术将企业内部的数据封装在隧道中进行传输。隧道可以在两个网络节点之间建立一条通路,使得数据包能够在这个通路上进行传输;也可以把封装好的数据从一个 VPN 节点透明地传输到另一个 VPN 节点上。隧道协议在隧道的一端为数据加上隧道协议头,对数据进行封装,使这些封装好的数据都能在隧道中传输;隧道协议在隧道的另一端去掉数据携带的隧道协议头,对数据进行解封装后,以普通数据包的形式传输给上层网络。所有的报文信息在利用隧道传输前后都要进行封装和解封装的过程。

VPN 是在公共网络的物理通信线路上建立的,因此 VPN 的隧道构建需要相应的技术来实现,不同的 VPN 方案采用的隧道技术也不尽相同。

目前主要有两类隧道协议,分别是第二层(链路层)隧道协议和第三层(网络层)隧道协议。第二层隧道协议主要用于构建远程访问虚拟专网(Access VPN),主要包括 PPTP 协议和 L2TP 协议;第三层隧道协议主要用于构建企业内部虚拟专网(Intranet VPN)和扩展的企业内部虚拟专网(Extranet VPN),主要包括通用路由封装(Generic Routing Encapsulation,GRE)协议和 IPSec 协议等。

以上隧道技术都可以通过使用 Internet 的基础设施在网络之间安全地传输数据。使用隧道传输的数据(或载荷)可以是在物理线路上运行的不同协议的数据帧或数据包,例如,通过 VPN 隧道可以在 IP 网络中传输 ATM/FR 数据帧或 IPX、AppleTalk 数据包。

隧道协议将其他协议的数据帧或数据包通过加装隧道协议头重新封装后发送出去。隧道协议头提供了路由信息,从而使封装的载荷数据能够通过 IP 网络传输。隧道协议头与原始协议数据包一起传输,在到达目的地后,原始协议数据包就会与隧道协议头分离,原始协议数据包继续传输,最终到达目的地址,而仅起到标识信息作用的隧道协议头将被丢弃。

2.2.1　PPTP

PPTP 最初是由微软和 3COM 等公司组成的 PPTP 论坛开发的一种点对点第二层隧道协议,用于在 Windows 系统中构建 PPTP VPN 隧道。后来,国际互联网工程任务组(Internet Engineering Task Force,TETF)以 RFC 2637 正式发布 PPTP,使其成为国际上通用的一种协议标准,可以构建端对端或者点对点的 VPN 远程连接。端对端 VPN 连接如图 2-3 所示。

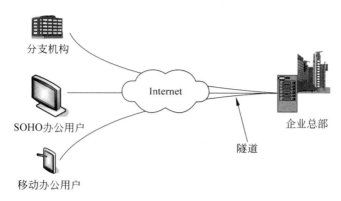

图 2-3　端对端 VPN 连接

PPTP 作为呼叫控制和管理协议,允许服务器控制来自公共交换电话网络(Public Switched Telephone Network,PSTN)或综合业务数字网(Integrated Services Digital Network,ISDN)的拨入电路交换呼叫访问并初始化外部电路交换连接。PPTP 是将 PPP 数据帧通过增强的 GRE 机制封装到 IP 数据包中,通过 IP 网络发送。PPTP 允许 PPP 将原有的网络访问服务器(Network Access Server,NAS)功能独立出来。PPTP 采用客户/服务器(Client/Server,C/S)架构,PPTP 服务器被称为 PPTP 网络服务器(PPTP Network Server,PNS),PPTP 客户端被称为 PPTP 接入集中器(PPTP Access Concentrator,PAC)。

PPTP 通信需要建立两个 PPTP 连接。一个连接是通过 TCP 进行的,在每个 PAC 和 PNS 之间建立控制连接,用来管理协商通信过程中的参数和进行数据的连接维护;另一个连接是在 PAC 和 PNS 之间建立的隧道连接,用于传输 PAC 和 PNS 之间封装的数据帧。

1. 控制连接简介

在 PAC 和 PNS 之间建立 PPTP 隧道之前,必须先在它们之间建立控制连接。控制连接是一个标准的 TCP 会话,用于 PPTP 呼叫控制和传递管理信息。控制连接会话与 PPTP 隧道建立的会话之间既相互关联又相互独立。控制连接负责建立、管理和释放通过隧道进行的会话,向 PNS 通知关联的 PAC 拨入呼叫,也用于指导 PAC 向外进行呼叫。

控制连接的建立可以由 PNS 或者 PAC 发起,PNS 端所使用的端口是 TCP 1723。控制连接建立在 TCP 连接基础之上,PNS 和 PAC 建立控制连接是通过启动-控制-连接-请求(Start-Control-Connection-Request)和启动-控制-连接-应答(Start-Control-Connection-Reply)消息完成的。一旦控制连接建立完成,PAC 或者 PNS 就可以对外发送呼叫请求,或者对拨入的呼叫请求进行响应,特定的会话可以由 PAC 或者 PNS 通过控制连接消息进行释放。

控制连接是由它自己的保持-激活-回显(Keep-Alive-Echo)消息进行维护的,这样就确保了 PNS 和 PAC 之间的连通性故障可以及时得到检测。其他故障可以通过控制连接发送的广域网-错误-通知(WAN-Error-Notify)消息进行报告。

2. 隧道连接简介

PPTP 需要为每个 PNS-PAC 对的通信建立专用的隧道。隧道用于承载指定 PNS-PAC 对中所有用户会话过程中由增强型 GRE 协议封装的 PPP 数据包。在增强型 GRE 协议头中有两个 Key(密钥)字段,用来指示一个 PPP 数据包所属的会话,Key 字段中的值是由控制连接上的呼叫建立流程进行赋值的。特定的 PNS-PAC 对间使用单一隧道对 PPP 数据包进行多路复用和解复用。

在 PPP 中使用的增强型 GRE 协议头与普通的 GRE 协议头有所不同。主要的区别是:前者增加了一个新的 Acknowledgment Number(确认号)字段的定义,用来确定一个或一组特定的 GRE 数据包是否已经到达隧道远端,但此确认功能不用于任何用户数据包的重传。增强型 GRE 协议头格式如图 2-4 所示。

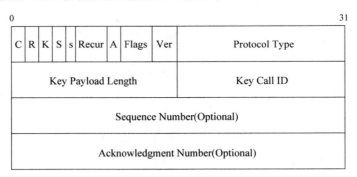

图 2-4　增强型 GRE 协议头格式

增强型 GRE 协议头中的 Acknowledgment Number 和 Sequence Number(序列号)字段用于冲突控制和错误检测。同样,控制连接被用来确定速率和缓冲参数,用于调节通过隧道的特定会话的 PPP 数据包流。PPTP 不对冲突控制和流量指定特定的算法。

3. PPTP 的消息分类

PPTP 定义了一套用于在 PNS 和 PAC 之间的控制连接上作为 TCP 数据发送的消

息。发起控制连接所需的 TCP 会话时所用的目的端口是 TCP 1723,源端口是任意一个当前未使用且端口号大于或等于 1024 的 TCP 端口。

每个 PPTP 控制连接消息以一个 8B 的固定头开始。固定头包括消息总长(Length)、PPTP 消息类型(Type)和 Magic Cookie 3 个字段。

Magic Cookie 字段是一个固定的值,总是等于 0x1A2B3C4D。它的基本用途是允许接收者确保与 TCP 数据流正确同步,但不能用于在发生不适当格式消息的传输事件时与 TCP 数据流同步。两者不同步时,将会关闭在该 TCP 会话上建立的控制连接。

PPTP 有两种控制连接消息:控制消息和管理消息,但管理消息目前还未定义。PPTP 中的控制消息类型及对应的代码值(十六进制)如表 2-1 所示。

表 2-1　PPTP 中的控制消息类型及对应的代码值

消 息 类 型	消 息 名 称	消息代码
控制连接管理类消息	启动-控制-连接-请求(Start-Control-Connection-Request)	1
	启动-控制-连接-应答(Start-Control-Connection-Reply)	2
	停止-控制-连接-请求(Stop-Control-Connection-Request)	3
	停止-控制-连接-应答(Stop-Control-Connection-Reply)	4
	回声-请求(Echo-Request)	5
	回声-应答(Echo-Reply)	6
呼叫管理类消息	呼叫-请求(Call-Request)	7
	呼叫-应答(Call-Reply)	8
	来电-请求(Incoming-Request)	9
	来电-应答(Incoming-Reply)	10
	来电-呼叫-连接(Incoming-Call-Connected)	11
	呼叫-清除-请求(Call-Clear-Request)	12
	呼叫-中断-通知(Call-Disconnect-Notify)	13
错误报告类消息	广域网-错误-通知(WAN-Error-Notify)	14
PPP 会话控制类消息	集合-链路-信息(Set-Link-Info)	15

4. PPTP 的优势

PPTP 早期在 VPN 技术中得到广泛应用。该协议具有以下优势:

(1) PPTP 的应用较为简单。PPTP 很容易用于标准的远程访问,较小的交易只需要简单的 PPTP VPN 解决方案为远程用户和远程计算机提供访问服务。此外,PPTP 不需要交易应用证书服务器,也不需要任何类型的认证服务器,这使得人们可以在远程访问中使用相当简单的 Windows 认证。

(2) PPTP 可以建立隧道或者将 IP、IPX 或 NetBEUI 协议封装在 PPP 数据包内,远程运行依赖特殊网络协议的应用程序。隧道服务器执行所有的安全检查和验证,并启用数据加密,使得在不安全网络上发送的信息变得安全,还可以使用 PPTP 建立专用 LAN 到 LAN 的网络。

(3) 当客户端连接到互联网后,使用 PPTP 不需要再次拨号连接,只需要在计算机和服务器之间建立 IP 连接。如果计算机直接连接到 IP 局域网,而且可以访问服务器,就可以通过局域网建立 PPTP 隧道。

2.2.2 L2TP

1. L2TP 概述

二层隧道协议(L2TP)也是点对点协议(PPP)的扩展应用,结合了 PPP 和第二层转发协议(Level 2 Forwarding Protocol,L2FP)的优势,属于数据链路层隧道协议,主要用于单个或少数远程终端通过公共网络接入企业内部网络。

L2TP 提供了一种跨越原始数据网络构建二层隧道的机制。L2TP 最初是在 RFC 2661 中定义的,最新的 V3 版本是在 RFC 3931 中定义的。

L2TP 包含控制消息和数据消息两类。L2TP 保证控制消息的可靠传输,控制消息用于建立、维护和清除会话连接;但数据消息使用 PPP 帧进行二层传输,不保证数据的可靠传输,即,当数据包发生丢失时,数据信息不会重传。

L2TP 控制消息头为 L2TP 会话的建立、维护和清除提供了可靠消息传输信息。默认情况下,控制消息是携带在数据消息之内传输的。L2TP 控制消息头格式如图 2-5 所示。

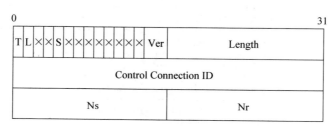

图 2-5　L2TP 控制消息头格式

对 L2TP 控制消息头各字段的含义简要说明如下。

(1) T:1b,消息类型。

(2) L:1b,表明包含 Length 字段。

(3) S:1b,表明包含序列号(即 Ns 和 Nr 字段)。

(4) Ver:4b,L2TP 版本,必须设置为 2。

(5) Length:16b,消息的总长度。

(6) Control Connection ID:32b,控制连接号。

(7) Ns:16b,可选,数据消息或控制消息的序列号。

(8) Nr:16b,可选,要收到的下一个控制消息中预定的序列号。

L2TP 数据消息包括一个会话头(Session Header)、一个可选的二层描述子层(L2-Specific Sublayer)和隧道载荷(Tunnel Payload)。L2TP 数据消息会话头对于通过 L2TP

通信被封装的 PSN(包括 IP、MPLS、FR 等交换网络)来说是特定的,必须提供区分多个 L2TP 数据会话之间通信的方法以及区分控制消息和数据信息的方法。每种 PSN 的封装必须定义自己的会话头,清楚地标识会话头格式和要设置的会话参数。二层描述子层是位于 L2TP 会话头和隧道负载开始处之间,包含用于帮助每个 PPP 数据帧穿越隧道的一些控制字段(如序列号或标志字段)。隧道载荷就是真正要传输的 PPP 数据帧。

与 PPTP 一样,L2TP 也要对 PPP 数据帧进行封装,在公共网络上建立虚拟链路,以传输企业的私有数据,节省了租用物理专线的高额费用,同时将企业从复杂和专业的网络维护工作中解放出来,只需要维护私有网络和远程接入的用户,降低了用户维护成本。此外,L2TP 还具有以下特点,可以为企业提供方便、安全和可靠的远程用户接入服务。

(1) 灵活的身份认证机制以及高度的安全性。L2TP 可使用 PPP 提供的 PAP、CHAP 等安全特性,对接入用户进行身份认证;L2TP 还定义了控制消息的加密传输方式,支持 L2TP 隧道的验证;L2TP 对传输的数据不加密,但可以和 IPSec 结合应用,例如部署 L2TP Over IPSec,为数据传输提供高度的安全保证。

(2) 多协议传输。因为 L2TP 传输的是 PPP 数据,而 PPP 可以传输多种协议的报文,所以 L2TP 可以在 IP 网络、以太网、帧中继永久虚拟电路(Permanent Virtual Circuit,PVC)网络、X.25 虚拟电路(VC)网络或 ATM VC 网络上使用。

(3) 支持 RADIUS 服务器的验证。L2TP 对接入的用户不仅可以进行本地验证,还可以将拨号接入的用户名和密码发往 RADIUS 服务器进行验证,为企业管理接入的用户提供了更多的选择。

(4) 支持私网 IP 地址分配。应用 L2TP 的企业总部网关可以为远程用户动态分配私网 IP 地址,使远程用户可以访问企业总部网络内部资源。

(5) 可靠性高。L2TP 支持备份 L2TP 网络服务器(L2TP Network Server,LNS),即当一个主网络服务器不可达时,L2TP 访问集中器(L2TP Access Concentrator,LAC)可以与备份 L2TP 网络服务器建立连接,增强了 VPN 服务的可靠性。

2. L2TP 的优势

L2TP 相较于 PPTP 有了一定的发展、L2TP 具有以下优势:

(1) L2TP 可以与其他协议结合使用,具有灵活的身份认证机制和高度的安全性。

(2) L2TP 支持多协议传输。L2TP 传输 PPP 数据包时,可以在 PPP 数据包中封装多种协议,甚至封装链路层协议。

(3) PPTP 只能在两个端点间建立单一隧道,而 L2TP 支持在两个端点间建立多个隧道,使用户可以针对不同的服务质量要求创建不同的隧道,以满足不同用户的需求。

(4) L2TP 可以提供隧道验证,而 PPTP 则不支持隧道验证,因此 L2TP 的安全性比 PPTP 高。

2.2.3　IPSec 协议族

IPSec(Internet 协议安全性)不是一个单独的协议,它给出了应用于 IP 层的网络数据安全的一整套体系结构,包括认证头(Authentication Header,AH)协议、封装有效载荷

(Encapsulating Security Payload,ESP)协议、Internet 密钥交换（Internet Key Exchange,IKE)协议等,以及用于用户身份认证和数据加密的一系列算法。本节简要介绍 IPSec 协议族的构成及功能,其具体实现原理及过程将在第 3 章详细讲述。

1. IPSec 协议族提供的安全服务

IPSec 协议族可在网络层通过数据加密、数据完整性和数据源认证、抗重放功能来保证通信双方在 Internet 上传输数据的安全性。

（1）数据加密。IPSec 发送方在发送数据时要先对经过安全协议重封装后的数据包进行加密,以确保数据包在隧道中传输的安全。当然,接收方要采取对应的解密和解封装技术对加密和封装后的数据包进行解密和解封装。

（2）数据完整性和数据源认证。IPSec 使用 AE 或 ESP 协议为 IP 数据包提供无连接的数据完整性和数据源认证,以确保数据在传输过程中没有被篡改,且来源是合法的。ESP 协议还可为数据包提供数据加密服务。

（3）抗重放。IPSec 使用 AH 或 ESP 协议提供抗重放服务,对数据包进行检测,并拒绝接收过时或重复的 IP 报文,防止恶意用户通过重复发送其捕获的数据包进行攻击。

2. IPSec 中的主要协议

上文已提到 IPSec 不是一个单独的协议,而是包括一组协议,其中主要有 AH 协议、ESP 协议和 IKE 协议。

1）AH 协议

AH 协议是一个用于 IP 数据包完整性检查和身份认证的机制。完整性检查用来保证 IP 数据包在到达接收方时没有被篡改;身份认证则用来验证数据的来源,包括识别主机、用户、网络等。AH 协议本身不提供加密功能,故它不能保证数据传输的机密性。

AH 协议通过对整个 IP 数据包进行摘要计算来提供完整性检查和身份认证服务。一个消息摘要就是一个特定的单向数据函数,它能够创建数据包唯一的数字指纹,通常采用 MD5、SHA 等散列算法。一个消息摘要在 IP 数据包被发送之前和被接收之后都可以根据同一组数据计算出来。如果两次计算出来的摘要值是一样的,那么表明该 IP 数据包在传输过程中没有被篡改。

MD5 算法和 SHA 算法将在 2.3 节介绍。

2）ESP 协议

ESP 协议除可以实现 AH 协议的全部功能外,还可为传输的数据提供加密服务,因为 ESP 协议除了可使用 MD5、SHA 等身份认证算法外,还可以采用 AES、DES、3DES 等加密算法。这些加密算法将在 2.4 节介绍。

3）IKE 协议

IKE 协议用于在两个通信实体协商、建立安全联盟（Security Alliance,SA),并进行密钥交换。SA 是 IPSec 中的重要概念,它表示两个或多个通信实体之间经过了身份认证,且这些通信实体都能支持相同的加密算法,成功地交换了会话密钥,可以开始利用 IPSec 进行安全通信。SA 既可以通过命令配置方式由系统自动生成,也可以通过手工方式建立,但是当 VPN 中节点增多时,手工配置将非常困难。

3. IPSec VPN 的优势

基于 IPSec 的 VPN 实现有以下优势：

（1）在 IP 层增加了 AH 头或 ESP 头，通信过程安全可靠。

（2）IPSec 协议族中的 IKE 协议可以自动产生 SA，并且 SA 的生存期非常短，使得密钥破译更加困难。

（3）可以方便灵活地定义安全策略。在配置文件中进行编辑，就可以实现安全策略。如果一种算法被破解，可以立刻换另一种算法。

IPSec 的提出使得 VPN 有了更好的解决方案，这是因为 IPSec 在网络层就提供安全服务，而多种传送协议和应用程序可共享由网络层提供的密钥管理结构，这使得密钥协商的开销被大大削减。

2.2.4 SSL 协议

1. SSL 协议概述

安全套接字层（Secure Socket Layer，SSL）协议是位于计算机网络体系中传输层和应用层之间的套接字协议的安全版本，应用层数据不再直接传输给传输层，而是传输给 SSL 层，SSL 层对从应用层收到的数据进行加密，并为其增加 SSL 头，可为基于公共网络（如 Internet）的通信提供安全保障。

SSL 协议可分为 SSL 记录协议、SSL 握手协议和 SSL 警告协议。

（1）SSL 记录协议（SSL Record Protocol）建立在可靠的传输协议（如 TCP）之上，为高层协议提供数据封装、压缩、加密等基本功能的支持，保证数据的保密性和完整性。

（2）SSL 握手协议（SSL Handshake Protocol）建立在 SSL 记录协议之上，用于通信双方在实际数据传输开始前验证身份、协商加密算法、交换加密密钥等。

（3）SSL 警告协议显示传输发生错误或者两个主机之间的会话终止的时间。

SSL 协议的数据交互过程如图 2-6 所示。

SSL 协议提供的安全信道可以保障传输数据的机密性、可靠性和完整性。SSL 协议在数据传输前提供用户和服务器认证服务，确保将数据发送到正确的客户端和服务器上，在一定程度上可以防御中间人攻击。同时 SSL 协议对传输的数据进行加密服务，防止数据在传输过程中被截获或者被篡改，以此保证数据的可靠性和完整性。

图 2-6　SSL 协议的数据交互过程

2. SSL VPN 技术

SSL VPN 技术将 SSL 协议和 VPN 技术相结合。在 SSL VPN 技术中，采用标准的 SSL 协议对传输的数据包进行加密，保证客户端与服务器之间的通信不被攻击者窃听，并且远程客户端可通过数字证书始终对服务器(SSL VPN 网关)进行认证,从而在应用层保障数据的安全性。在不断扩展的互联网 Web 站点之间、无线热点和客户端之间以及远程办公室、酒店、传统交易大厅等场所,用户可以通过 SSL VPN 技术轻松实现安全易用、无须安装客户端软件的远程访问,从而降低用户的总成本并提高远程用户的工作效率。SSL VPN 典型组网架构如图 2-7 所示。

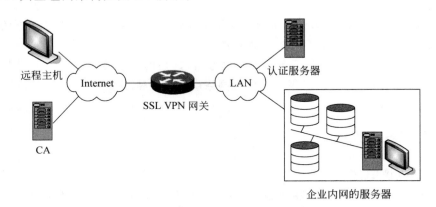

图 2-7 SSL VPN 典型组网架构

SSL VPN 技术使用 SSL 协议进行加密传输。由于 SSL 协议内嵌在浏览器中,因此任何安装了浏览器的设备都可以使用 SSL VPN,而不需要为每一台客户机安装客户端软件,这使得 SSL VPN 可以在任何地点利用任何设备连接到相应的网络资源上。所以,从功能上讲,SSL VPN 是企业远程安全接入的最佳选择。

一般而言,SSL VPN 必须满足最基本的两个要求。

(1) 使用 SSL 协议进行认证和加密。没有采用 SSL 协议的 VPN 产品不能称为 SSL VPN,其安全性也需要进一步验证。

(2) 直接使用浏览器完成操作,无须安装独立的客户端软件,否则就失去了 SSL VPN 易于部署、免维护的优点。

3. SSL VPN 技术的优势

SSL VPN 在应用中具有很多优势,主要包括以下几点。

(1) 无须安装客户端软件。大多数设备执行基于 SSL 协议的远程访问时不需要在远程客户端安装软件,只需要通过标准 Web 浏览器连接 Internet,就可以通过网页访问企业总部的网络资源,节约成本,方便维护和管理。

(2) 适用范围广。SSL VPN 技术适用于大多数支持 Internet 的操作系统和网络设备,包括非传统设备。

(3) 安全性高。SSL 安全通道是在客户端和用户要访问的资源之间建立的,确保端对端的真正安全,数据无论在内部网络中还是在 Internet 中都不是透明的。客户对资源的每一次操作都需要经过安全的身份认证和加密。

(4) 可以进行访问控制。管理员可以通过设置不同的访问策略将各类人员对内网资源的访问权限划分为不同的级别,以保障网络中重要数据的安全。

2.2.5　GRE 协议

1. GRE 协议概述

随着 IPv4 网络的广泛应用,为了让某些网络层协议的报文能够在 IP 网络中传输,可以将这些报文通过 GRE 技术进行封装,以解决不同体系结构中网络的传输问题。GRE 采用的隧道技术是一种三层 VPN 隧道协议。

GRE 隧道技术可以为远程通信的数据包提供一条逻辑的专用传输通道,在隧道的两端分别对数据包进行封装及解封装。其基本的组网结构如图 2-8 所示。

图 2-8　GRE 隧道组网结构

X 网络和 Y 网络可以是相同类型的网络,也可以是不同类型的网络,如一端为 IPv4 网络,另一端为 IPv6 网络。

在 GRE 隧道建立前,必须先在两端创建所需的隧道接口,它是为实现报文的封装而提供的一种点对点类型的虚拟接口。

GRE 隧道接口与其他隧道接口类似,均包含以下元素。

(1)源地址。传输网络中的网络层协议(如 IPv4 或 IPv6)报文中的源地址。从负责封装后报文传输的网络来看,隧道源地址就是实际发送报文的接口 IP 地址。

(2)目的地址。传输网络中的网络层协议(如 IPv4 或 IPv6)报文中的目的地址。从负责封装后报文传输的网络来看,隧道本端的目的地址就是隧道目的端的源地址。

(3)隧道接口 IP 地址。在隧道接口上启用动态路由协议或使用静态路由协议发布隧道接口时,需要为隧道接口分配 IP 地址。隧道接口的 IP 地址可以不是公共网络地址,甚至可以借用其他接口的 IP 地址,以节省 IP 地址。但是当隧道接口借用 IP 地址时,由于隧道接口本身没有 IP 地址,无法在此接口上启用动态路由协议,必须配置静态路由或策略路由才能实现设备间的连通性。

(4)封装类型。隧道接口的封装类型是指该隧道接口对报文的封装方式。对于 GRE 隧道接口而言,封装类型为 GRE。

建立 GRE 隧道之后,就可以将隧道接口看作一个物理接口,运行动态路由协议或配置静态路由,然后指定由此隧道接口作为出接口的数据都将通过这条 GRE 隧道进行转发。

2. GRE 协议的优势

GRE 协议在 VPN 技术中具有以下优势。

(1)在 GRE 隧道技术中,VPN 的路由信息会从普通主机网络的路由信息中隔离出来,多个 VPN 可以重复利用同一个地址空间,而不会发生冲突,这使得 VPN 可以从主机网络中独立出来,从而满足了 VPN"可以不使用全局唯一的地址空间"的关键要求。

(2) GRE 隧道技术可以封装数量众多的协议族,减少实现 VPN 功能的函数数量。此外,GRE 隧道技术可以在使用一种格式支持多种协议的同时,又保留协议本身的功能,这是非常重要的。

随着网络技术的发展,PPTP 和 L2TP 的缺点逐渐显露,安全性差、连接不够稳定、传输速率低、费用高等一系列缺点使得这两种技术逐渐被淘汰,在如今的 VPN 技术中基本不会被单独使用。随之出现的 IPSec VPN 技术和 SSL VPN 技术被广泛应用,这两种技术将分别在第 3 章和第 4 章详细介绍。

2.3　身份认证技术

VPN 需要解决的首要问题就是网络上用户与设备的身份认证问题。如果没有一个合理的身份认证方案,无法保证接入网络中的用户身份可识别,不管其他方案、措施多么严密、完整,整个 VPN 网络的功能都是没有意义的。

在不同的 VPN 技术中,采用的认证技术也不同。基于 PPP 的第二层隧道协议多采用口令认证协议(Password Authentication Protocol,PAP)或者挑战握手认证协议(Challenge Handshake Authentication Protocol,CHAP)进行身份认证;而第三层隧道协议中使用的是密钥认证,多采用 MD5、SHA、SM3 等加密算法进行认证。

2.3.1　CHAP 身份认证

CHAP 身份认证过程相对后面介绍的 PAP 身份认证来说更为复杂,CHAP 采用的是三次握手机制而不是 PAP 中的两次握手机制,整个认证过程要经过 3 个主要步骤:①认证方要求被认证方提供认证信息;②被认证方提供认证信息;③认证方给出认证结果。

CHAP 身份认证方式相对 PAP 身份认证方式来说更安全,因为在认证过程中,用于认证的密码不是直接以明文方式在网络上传输的,而是封装在 MD5 加密摘要信息中,这使得密码信息更加安全。CHAP 身份认证的具体步骤还与认证方是否配置了用户名有关,推荐使用认证方配置用户名的方式,这样被认证方也可以对认证方的身份进行确认。

同 PAP 身份认证一样,CHAP 身份认证也可以是单向或者双向的。如果是双向认证,则要求通信双方均要通过对对方请求的认证,否则无法在双方建立 PPP 链路。在此,以单向认证为例介绍 CHAP 身份认证过程。注意,CHAP 身份认证是由认证方主动发起质询的。CHAP 身份认证过程如图 2-9 所示。

CHAP 身份认证过程分为 3 步:

(1) 认证方发送挑战信息,包括认证请求、此认证的序列号(id)、随机数据和认证方的认证用户名。被认证方接收到挑战信息后,根据认证方发来的认证用户名到自己本地的数据库中查找对应的密码(如果没有设置密码,就用默认的密码),查到密码后,再结合认证方发来的 id 和随机数据,根据 MD5 算法算出一个 Hash 值。

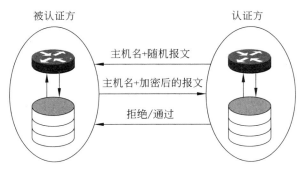

图 2-9　CHAP 身份认证过程

（2）被认证方回复认证请求，其中包括此报文的 CHAP 认证响应报文、此认证的序列号（id）、Hash 值和被认证方的认证用户名。认证方处理挑战的响应信息，根据被认证方发来的认证用户名，在本地数据库中查找被认证方对应的密码（口令），结合 id 找到先前保存的随机数据和 id，利用 MD5 算法算出一个 Hash 值，与被认证方得到的 Hash 值做比较。如果两个 Hash 值一致，则认证通过；否则，认证不通过。

（3）认证方告知被认证方认证是否通过。与 PAP 一样，第一次认证失败后，CHAP 不会马上关闭链路，而是向客户端提示输入新的用户名和密码进行再次认证，直到达到规定的最高尝试次数为止。

2.3.2　PAP 身份认证

PAP 身份认证过程非常简单，采用二次握手机制。该认证方式仅需两个步骤：

（1）被认证方将认证请求（包含用户名和密码）发送给认证方。

（2）认证方接到认证请求后，根据被认证方发来的用户名和密码，到自己的数据库中查找相应的用户名和密码。如果找到，PAP 认证通过；否则，PAP 认证未通过。

这种认证方式使用明文格式发送用户名和密码，安全性较差。PAP 身份认证过程如图 2-10 所示。

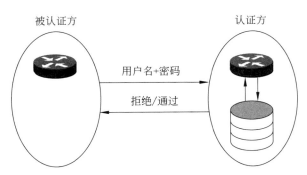

图 2-10　PAP 身份认证过程

PAP 认证可以单向进行，即由一方对另一方进行身份认证，通常是由 PAP 服务器对 PAP 客户端进行认证；也可以双向进行，也就是 PAP 服务器要对 PAP 客户端进行认证，

PAP 客户端也要对 PAP 服务器进行认证,以确保用于认证的 PPP 合法。如果是双向认证,则要求被认证的双方都要通过对方的认证程序,否则无法在双方之间建立通信链路。

下面以单向认证为例介绍 PAP 认证过程。需要注意的是,PAP 认证是由被认证方,也就是 PAP 客户端首先发起的。

发起 PPP 连接的 PAP 客户端首先以明文方式向 PAP 服务器发送一个认证请求(Authenticate-Request)帧,其中就包括用于身份认证的用户名和密码。

PAP 服务器在收到 PAP 客户端发来的认证请求帧后,先查看 PAP 服务器本地数据库,看是否有客户端提供的用户名。如果有,且对应的用户账号和密码也一致,则表明 PAP 客户端具有合法的用户账号信息,PAP 服务器就会向 PAP 客户端返回一个认证确认(Authenticate-ACK)帧,表示认证成功,则 PAP 客户端就可以与 PAP 服务器建立 PPP 连接。

如果 PAP 服务器在本地数据库找不到与 PAP 客户端发来的用户名一致的用户账号,或者虽然有相同名称的用户账号,但密码不一致,则认证失败,PAP 服务器就会返回一个认证拒绝(Authenticate-NAK)帧,PAP 客户端就不能与 PAP 服务器建立 PPP 连接。

需要注意的是,如果第一次认证失败,并不会马上将链路关闭,而是会在 PAP 客户端提示可以输入新的用户账号信息,进行再次认证,只有当认证不通过的次数达到一定值时(一般默认值为 4)才会关闭链路,以防止因误传、网络干扰等造成不必要的链路控制协议(Link Control Protocol,LCP)重新协商过程。

2.3.3　身份认证算法

MD5、SHA、SM3 等算法都需要用到一些散列函数。散列函数运算的基本设计思想是:对输入的任意长度消息进行运算后得到一个固定长度的输出值,这个输出值称为散列值。这个输出值会随同消息一起发送给对方。如果两端得出的摘要相同,则表示消息在传输过程中没有被篡改,可以放心使用;如果不同,则表示消息在传输过程中被非法篡改,不可用。散列函数可以按是否有密钥参与运算分为不带密钥的散列函数和带密钥的散列函数两类。

不带密钥的散列函数在运算过程中没有密钥参与,只有原始消息。这类散列函数不具有身份认证功能,仅提供数据完整性检验,称为篡改检测码(Manipulation Detection Code,MDC)。

带密钥的散列函数在消息的运算过程中有密钥参与,即散列值同时与密钥和原始消息有关,只有拥有密钥才能计算出相应的散列值。所以带密钥的散列函数不仅能检测数据完整性,还能提供身份认证功能,称为消息认证码(Message Authentication Code,MAC)。

1. MD5 算法

MD5(Message-Digest Algorithm 5,消息摘要算法第五版),又称为文件的数字指纹或数字认证,用于确保信息传输的完整性和一致性。它是由麻省理工学院(MIT)教授、密码学家 Ron Rivest 提出的。Rivest 还与 Adi Shamir 和 Leonard Adleman 一起发明了

RSA 公钥算法,这 3 个人也是 RSA 数据安全公司的联合创始人。

简单地说,MD5 是一个数学算法,任何一段代码或文件经过这个数学算法的运算,都会生成一条 128 位的二进制字符串(十六进制的长度是 32 位)。这种字符串有以下特点:

(1) 压缩性。任意长度的数据,算出的 MD5 值的长度都是固定的。

(2) 容易计算。从原数据计算出 MD5 值很容易,也很快,不会给系统造成很大的计算负担。

(3) 抗修改性。对原数据进行任何改动,哪怕只修改 1 比特,得到的 MD5 值都有很大区别。

(4) 强抗碰撞。已知原数据和其 MD5 值,想找到一个伪造数据,即具有相同 MD5 值的数据,是非常困难的。

所以,使用 MD5 值,就可以唯一标识一段程序,这就是 MD5 值又被称为文件或程序的数字指纹的原因。

MD5 以 512b 为分组大小来处理输入的消息,且每一分组又被划分为 16 个 32b 子分组,经过一系列的处理后,该算法的输出由 4 个 32b 分组组成,将这 4 个 32b 分组级联后将生成一个 128b 散列值。该算法可分为填充、初始化变量、处理分组数据和输出 4 个部分。MD5 算法流程图如图 2-11 所示。

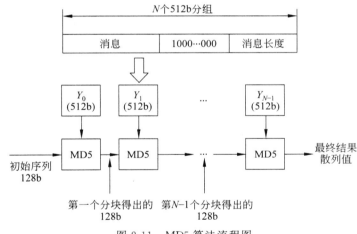

图 2-11　MD5 算法流程图

1) 填充

在 MD5 算法中,首先需要对输入消息进行填充,使其位长对 512 求余的结果等于 448。因此,消息的位长将被扩展至 $512N+448$,N 为一个非负整数,可以是 0。

填充的方法如下:

(1) 在消息的后面填充一个 1 和多个 0,直到满足上面的条件时才停止用 0 对消息的填充。

(2) 在这个结果后面附加一个以 64 位二进制表示的填充前信息长度(单位为 b),如果以二进制表示的填充前消息长度超过 64 位,则取低 64 位。

经过这两步的处理,消息的位长 $=512N+448+64=(N+1)\times512$,恰好是 512 的整

数倍。

如果原始消息的二进制位数除以 512 后的余数小于 448，则先在原始消息的最后一个 512 位块的最后填充一个 1，然后再填充若干个 0，使得该块的原始消息总长度等于 448 位，然后加上用于标识原始消息长度的 64 位，正好形成一个 512 位的块。

如果原始消息的二进制位数除以 512 后的余数大于 448，这时要新增一个 512 位的块。首先是在原始消息的最后一个 512 位块的最后填充一个 1，然后再填充若干个 0，使得该块的原始消息长度等于 512 位；接着再新增一个块，前面 448 位均填充 0，再加上用于标识原始消息长度的 64 位，形成一个新的 512 位的块。

这样做的原因是为满足后面处理中对消息长度的要求。

2）初始化变量

初始的 128 位值为初始链接变量，这些参数用于第一轮的运算，以大端字节序来表示，分别为

$$A = 0x01234567$$
$$B = 0x89ABCDEF$$
$$C = 0xFEDCBA98$$
$$D = 0x76543210$$

在每一个变量给出的数值中，高字节存于内存低地址，低字节存于内存高地址，即大端字节序。在程序中，变量 A、B、C、D 的值分别为 0x67452301、0xEFCDAB89、0x98BADCFE、0x10325476。

3）处理分组数据

每一分组的算法流程如下：

第一分组需要将上面 4 个链接变量复制到另外 4 个变量中：A 到 a，B 到 b，C 到 c，D 到 d。从第二分组开始的变量为上一分组的运算结果，即 $A = a$，$B = b$，$C = c$，$D = d$。

主循环有 4 轮，每轮循环都很相似。第一轮进行 16 次操作。每次操作对 a、b、c 和 d 中的 3 个变量作一次非线性函数运算，然后将所得结果加上第 4 个变量，即文本的一个子分组和一个常数；再将所得结果向左环移一个不定的数，并加上 a、b、c 或 d 中之一；最后用该结果取代 a、b、c 或 d 中之一。

以下是每次操作中用到的 4 个非线性函数（每轮一个）：

$$F(X,Y,Z) = (X \& Y) | ((\sim X) \& Z)$$
$$G(X,Y,Z) = (X \& Z) | (Y \& (\sim Z))$$
$$H(X,Y,Z) = X \wedge Y \wedge Z$$
$$I(X,Y,Z) = Y \wedge (X | (\sim Z))$$

其中，& 是与（AND）运算，| 是或（OR）运算，$\sim$ 是非（NOT）运算，$\wedge$ 是异或（XOR）运算。

这 4 个函数的意义是：如果 X、Y 和 Z 的对应位是独立和均匀的，那么结果的每一位也应是独立和均匀的。

所有运算完成之后，将 a、b、c、d 分别加上 A、B、C、D，即

$$a = a + A, \quad b = b + B, \quad c = c + C, \quad d = d + D$$

然后用下一分组数据继续运行以上算法。

4）输出

最后的输出是 a、b、c 和 d 的级联。

MD5 除了应用于各种三层 VPN 通信的数据完整性验证和消息源身份认证外，也常应用于数字签名。

例如，我们常常在某些软件下载网站的软件信息中看到其 MD5 值。将软件下载后，使用 MD5 算法计算软件的 MD5 值，把计算得到的 MD5 值值与网站上的 MD5 值进行比较，以确保自己所下载的文件与该网站提供的文件为同一文件。利用 MD5 算法进行文件校验的方案被大量应用到软件下载网站、论坛数据库、系统文件安全等方面。

此外，MD5 算法还广泛用于操作系统的登录验证，如 UNIX、各类 BSD（Berkeley Software Distribution，伯克利软件套件）系统登录密码、数字签名等诸多方面。例如，在 UNIX 系统中用户的密码是以 MD5 算法或其他类似的算法经 Hash 运算后存储在文件系统中的。当用户登录的时候，系统利用 MD5 算法对用户输入的密码进行 Hash 运算，然后再和保存在文件系统中的 MD5 值进行比较，以确定用户输入的密码是否正确。通过这样的步骤，系统在不知道用户密码明文的情况下就可以确定用户登录系统的合法性，避免用户密码被具有系统管理员权限的用户知道。

后来，研究者发现 MD5 算法也存在安全问题：攻击者可以通过在文件后面加入冗余字符的方式使其 MD5 值为特定值。这样，前述 MD5 值的强抗碰撞特性不存在了，对恶意程序进行 MD5 值伪装成为可能，即攻击者可以通过修改恶意程序代码，人为构造出一个与 QQ、Word 等合法程序具有相同 MD5 值的恶意代码，从而突破 MD5 值查询的限制。

为解决这一问题，现代身份认证技术已经升级到数字指纹算法，使用了比 MD5 值更安全也更复杂的散列算法（MD5 算法也是一种散列算法）。不过，由于 MD5 算法非常有名，所以很多业内人士仍然习惯用 MD5 值来验证文件。

2. SHA 算法

SHA（Secure Hash Algorithm，安全散列算法）主要适用于数字签名，也是一种不可逆的 MAC 算法，但比 MD5 算法更加安全。目前它有 4 种主要的版本，即 SHA-0、SHA-1、SHA-2 和 SHA-3。其中 SHA-2 和 SHA-3 版本中又有多种不同子分类，例如，在 SHA-2 中又根据它们最终所生成的摘要消息长度不同分为 SHA-224、SHA-256、SHA-384 和 SHA-512 几种。

SHA 算法的认证原理与前面介绍的 MD5 算法极为相似：先把原始消息划分成固定长度的块；再加上用于标识原始消息长度的位，其中，不同 SHA 版本中用于标识原始消息长度的位数不一样；最后结合共享密钥，利用一系列逻辑算法生成固定长度的消息摘要，用于在接收端进行消息完整性验证和消息源身份认证。

各种版本的 SHA 算法进行散列运算时所涉及的参数特性不完全相同，具体如表 2-2 所示。

下面以 SHA-512 为例，介绍 SHA 算法基本的摘要运算过程：

（1）把包括密钥和初始消息在内的二进制位串以及在最后新增一个用于记录原始消息的二进制长度的 128 位一起划分成多个 1024 位的块，即每个块含 32 个 32 位字长。

表 2-2　各个版本的 SHA 算法的参数

参　　数	SHA-1	SHA-224	SHA-256	SHA-384	SHA-512
消息摘要长度	160	224	256	384	512
消息长度	$<2^{64}$	$<2^{64}$	$<2^{64}$	$<2^{128}$	$<2^{128}$
分组长度	512	512	512	1024	1024
字长度	32	32	32	64	64
步骤数	80	64	64	80	80

　　(2) 对以上划分出的 1024 位的块经过一系列与(AND)、或(OR)、非(NOT)、异或(XOR)逻辑算法处理后,输出 8 个 64 位分组。将这 8 个 64 位分组级联后,生成一个 512 位散列值,即消息摘要。

　　这里同样涉及填充操作,因为大多数原始消息加上 128 位后仍不能恰好被 1024 整除,也就是原始消息的二进制位数除以 1024 后的余数不是 896(1024-128=896),这时就要对原始信息进行填充处理。但这里同样有两种情况:一种是余数小于 896,另一种是余数大于 896。

　　如果原始消息的二进制位数除以 1024 后的余数小于 896,则先在原始消息的最后一个 1024 位的块的最后填充一个 1,然后再填充若干个 0,使得该块的原始消息总长度等于 896 位,然后再加上用于标识原始消息长度的 128 位,正好形成一个 1024 位的块。

　　如果原始消息的二进制位数除以 1024 后的余数大于 896,则需要新增一个 1024 位的块。首先在原始消息的最后一个 1024 位的块的最后填充一个 1,然后再填充若干个 0,使得该块的原始消息总长度等于 1024 位;接着再新增一个块,前面 896 位均填充 0,再加上用于标识原始长度的 128 位,形成一个新的 1024 位块。

3. SM3 算法

　　SM3 算法是中国国家密码管理局于 2010 年公布的中国商用密码散列算法标准。消息分组为 512 位,经过填充和迭代压缩,生成 256 位的散列值。总体来说,SM3 算法的压缩函数与 SHA-256 的压缩函数具有相似的结构,但 SM3 算法的设计更加复杂。

　　在 SM3 算法的消息填充方面,原始消息(包括密钥和初始消息)长度 L 也要小于 2^{64} 位,填充的方法其实与 MD5 一样,也是先在原始消息的最后加一位 1,再添加 K 个 0,使得 $L+1+K$ 除以 512 后的余数为 448。然后用一个 64 位的二进制串标识原始消息的长度 L。填充后的消息 M 正好是 512 位的倍数。

　　迭代压缩是 SM3 算法的关键。迭代压缩的基本原理如下:

　　(1) 将第一个 512 位的消息块利用对应的压缩函数压缩成某一固定长度的二进制串。

　　(2) 将第一个 512 位消息块压缩后的固定长度的二进制串以及第二个 512 位消息块一起利用压缩函数压缩成某一固定长度的二进制串。

　　(3) 将这个二进制串作为第 3 个 512 位消息块压缩运算的输入,连同第 3 个 512 位消息块一起利用压缩函数再压缩成某一固定长度的二进制串。以此类推,直到最后一个

512 位消息块也被压缩成同样固定长度的二进制串。

（4）将所有这些压缩后得到的二进制串依次串联起来,成为最终的散列值。

具体的密码学原理比较复杂,在此不进行深入讨论。

2.4　数据加密技术

VPN 需要利用加密算法提供安全保障。根据不同算法的特点,VPN 主要采用对称密钥加密算法保障数据通信安全,采用非对称密钥加密算法保障身份认证安全。

2.4.1　加密原理

密码技术的基本思想是伪装信息,使未授权者不能理解它的真实含义。所谓伪装就是对数据进行一组可逆的数学变换。伪装前的原始数据称为明文(plaintext),伪装后的数据称为密文(ciphertext),伪装的过程称为加密(encryption)。加密在加密密钥(key)的控制下进行。用于对数据加密的一组数学变换称为加密算法。发信者将明文数据加密成密文,然后将密文数据送入网络传输或保存为计算机文件,而且只给合法收信者分配密钥。合法收信者接收到密文后,施行与加密变换相逆的变换,去掉密文的伪装,恢复明文,这一过程称为解密(decryption)。解密在解密密钥的控制下进行。用于解密的一组数学变换称为解密算法,解密算法是加密算法的逆。

因为数据以密文形式在网络中传输或保存为计算机文件,而且只给合法收信者分配密钥,这样,即使密文被窃取,未授权者由于没有密钥,也不能得到明文,也就不能理解它的真实含义,这样就达到了确保数据秘密性的目的。

同样,因为未授权者没有密钥,不能伪造出合理的明文或密文,因而篡改数据必然会被发现,从而达到确保数据真实性的目的。

与能够检测并发现篡改数据的道理相同,如果密文数据发生了错误或毁坏,也能够被检测并发现,从而达到确保数据完整性的目的。

1. 对称密钥加密原理

在加密传输中,最初采用的是对称密钥方式,也就是加密和解密都用相同的密钥。对称密钥的加解密过程如图 2-12 所示。

对称密钥加密原理非常简单。通信双方要事先协商好对称密钥,具体的加解密过程为:发送方使用对称密钥对明文加密,并将密文发送给接收方;接收方收到密文后,使用相同的密钥对密文解密,还原出最初的明文。

对称密钥加密的优点是效率高,算法简单,系统开销小,适合加密大量数据。

对称密钥加密的缺点是安全性差和扩展性差。安全性差的原因在于安全通信前需要以安全方式进行密钥交换,即通信双方协商使用一致的密钥。如果这个协商过程被监听,协商的密钥被窃取,那么对后续通信的加密保护将形同虚设。扩展性差表现在每对通信用户之间都需要协商密钥,n 个用户的团体就需要协商 $n(n-1)/2$ 个不同的密钥,不便于管理;而如果都使用相同的密钥,密钥被泄露的概率大大增加,加密也就失去了意义。

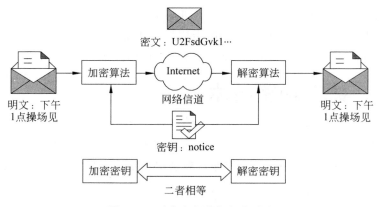

图 2-12　对称密钥的加解密过程

目前比较常用的对称密钥加密算法有 DES、3DES、AES 算法,这些算法将在 2.4.3 节介绍。

2. 非对称密钥加密原理

对称密钥加密方法不便于管理,于是出现了非对称密钥加密方法,又称为公钥加密方法。所谓非对称密钥加密方法是指加密和解密用不同的密钥。其中一个称为公钥,可以对外公开,通常用于数据加密;另一个称为私钥,需要保密,通常用于数据解密。公钥和私钥必须成对使用,也就是用其中一个密钥加密的数据只能用与其配对的另一个密钥解密。这样,用公钥加密的数据即使被人非法截获,截获者没有与之配对的私钥,也无法对数据进行解密,也就确保了数据的安全。非对称密钥的加解密过程如图 2-13 所示。

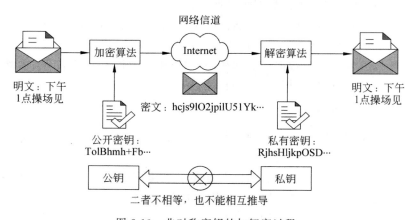

图 2-13　非对称密钥的加解密过程

发送方要事先获得接收方的公钥。非对称密钥的具体加解密过程为:发送方使用接收方的公钥对明文加密,并将密文发送给接收方;接收方收到密文后,使用自己的私钥对密文解密,得到最初的明文。

非对称密钥加密具有比对称密钥加密更高的安全性,因为加密和解密用的是不同密钥,并且无法从一个密钥推导出另一个密钥,且用公钥加密的信息只能用唯一对应的私钥进行解密,通信双方无须共享密钥。同时,公钥可对外公开,私钥由用户自己保管,便于保密管理和密钥分配。

非对称密钥加密的缺点是算法非常复杂,导致加密大量数据所用的时间比较长。而且由于加密过程中会添加较多的附加信息,使得加密后的报文比较长,容易造成数据分片,不利于网络传输。

非对称密钥加密适合对密钥或身份信息等敏感信息进行加密,从而满足用户在安全性上的需求。目前比较常用的非对称加密算法主要有 Diffie-Hellman、RSA 和 DSA 算法,这些算法将在 2.4.4 节介绍。

2.4.2　分组密码工作模式

分组密码可以按不同的模式工作。实际应用的环境不同,应采用不同的工作模式,只有这样才能既确保安全又方便高效。

1. 电子密码本模式

电子密码本(Electronic Code Book,ECB)模式是最简单的分组密码加密模式。加密前根据数据块大小分成若干分组,然后将每个分组使用相同的密钥单独通过分组加密器加密;解密过程与加密过程相逆,使用的是分组解密器。ECB 模式的加解密流程如图 2-14 所示。

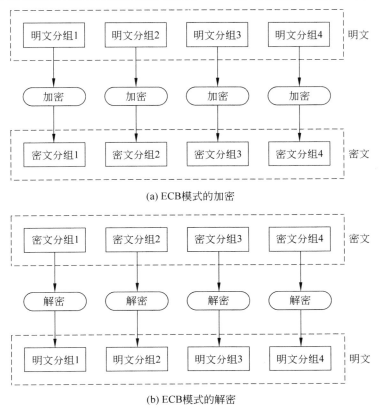

(a) ECB模式的加密

(b) ECB模式的解密

图 2-14　ECB 模式加解密流程

这种加密模式的优点是简单,不需要初始化向量,每个分组独立进行加解密,有利于并行计算,加解密效率很高。

ECB 的一个缺点是要求数据的长度是分组长度的整数倍,否则最后一个分组将是短分组,这时需要特殊处理。ECB 的另一个缺点是容易暴露明文的数据模式。

2. 密码分组链接模式

密码分组链接(Cipher Block Chaining,CBC)模式是:先将明文切分成若干分组,然后,第一个明文分组与一个名为初始化向量(Initialization Vector,IV)的分组进行逻辑异或运算,从第二个分组开始的每个分组与前一分组的密文进行逻辑异或运算,再用密钥进行加密。这样就有效地解决了 ECB 模式的问题,即使两个明文分组相同,加密后得到的密文分组也不相同。CBC 模式的加解密流程如图 2-15 所示。

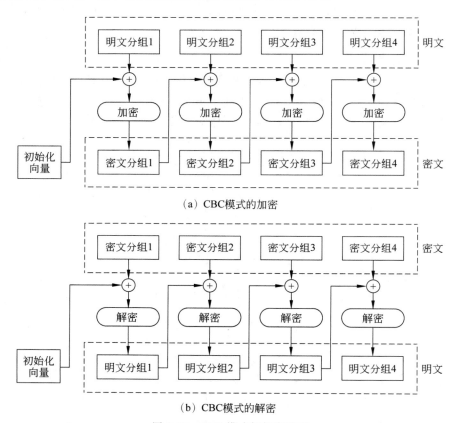

（a）CBC模式的加密

（b）CBC模式的解密

图 2-15　CBC 模式加解密流程

从图 2-15 中可以看出,在 CBC 模式中引入了一个随机的初始化向量,不直接将明文用密钥加密,而是采用了逻辑异或运算,并且前后数据分组的加解密是关联的,所以相同明文不一定能得到相同的密文,密文的破解难度更大,不易被主动攻击攻破,安全性高于ECB。CBD 是 SSL、IPSec 通常采用的加解密模式。

3. 密文反馈模式

与 ECB 和 CBC 模式只能加密分组数据不同,密文反馈(Cipher Feed Back,CFB)模式能够将块密文(Block Cipher)转换为流密文(Stream Cipher)。CFB 模式的加解密流程如图 2-16 所示。

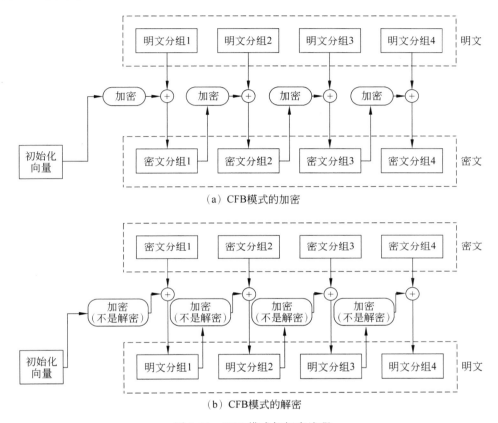

（a）CFB模式的加密

（b）CFB模式的解密

图 2-16　CFB 模式加解密流程

CFB 的加密过程分为两部分:

(1) 将前一明文分组加密得到的密文通过分组加密器再进行加密。

(2) 将上一步加密得到的数据再与当前的明文分组进行逻辑异或运算。

这种加密模式中,由于加密流程和解密流程中被分组加密器加密的数据是前一分组的密文,因此,即使当前明文分组的长度不是分组大小的整数倍,也不需要填充,保证了数据长度在加密过程中不被改变。

CFB 模式适于加密冗余度较大的数据,如语音和图像数据。

4. 输出反馈模式

输出反馈(Output Feedback,OFB)模式不再直接加密明文分组。其加密过程是:先用分组加密器生成密钥流,然后再将密钥流与明文进行逻辑异或运算,得到密文流;其解密过程是:先用分组加密器生成密钥流,再将密钥流与密文流进行逻辑异或运算,得到明文。OFB 模式的加解密流程如图 2-17 所示。

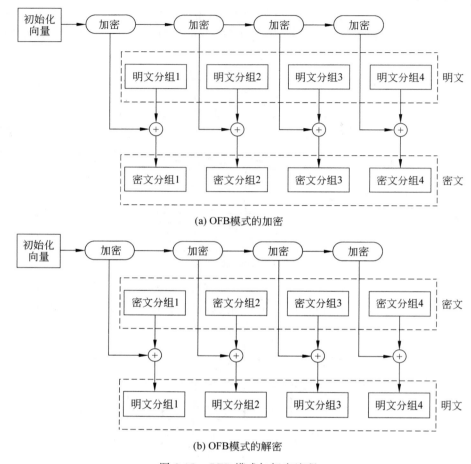

(a) OFB模式的加密

(b) OFB模式的解密

图 2-17　OFB 模式加解密流程

2.4.3　对称密钥加密算法

1. DES 加密算法

DES(Data Encryption Standard,数据加密标准)是美国 IBM 公司于 1972 年研制的对称密钥加密算法。1977 年,该加密算法被美国国家标准局确定为美国信息处理标准(Federal Information Processing Standard,FIPS),并授权在非密级政府通信中使用。随后,该算法在国际上广泛流传。

DES 设计中使用了分组密码设计的两个原则:混淆(confusion)和扩散(diffusion),其目的是抗击攻击者对密码系统的统计分析。混淆使密文的统计特性与密钥的取值之间的关系尽可能复杂化,以使密钥和明文以及密文之间的依赖性对密码分析者来说是无法利用的。扩散的作用就是将每一位明文的影响尽可能迅速地作用到较多的输出密文位中,以便在大量的密文中消除明文的统计结构,并且使每一位密钥的影响尽可能迅速地扩展到较多的密文位中,以防对密钥进行逐段破译。

DES 是一个分组加密算法,典型的 DES 以 64 位为一个分组对数据加密,加密和解密使用同一个算法。密钥长 64 位,密钥事实上有 56 位参与 DES 运算(第 8、16、24、32、40、48、56、64 位是校验位,使得每个密钥都有奇数个 1),分组后的明文组和 56 位的密钥以按位替代或交换的方法形成密文组。DES 算法的流程如图 2-18 所示。

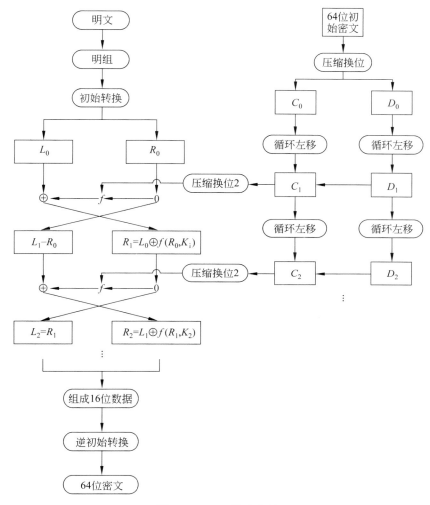

图 2-18　DES 算法流程

DES 的加密过程大致可分为 5 步:

(1) 64 位密钥经子密钥产生算法产出 16 个子密钥:$K_1, K_2, \cdots, K_{16}$,分别供第 1 次、第 2 次、……、第 16 次加密迭代使用。

(2) 64 位明文首先经过初始置换(Initial Permutation,IP),将数据打乱,再重新排列,并分成左右两半。左边 32 位构成 L_0,右边 32 位构成 R_0。

(3) 由加密函数 f 实现子密钥 K_1 对 R_0 的加密,结果为 32 位的数据组 $f(R_0, K_1)$。

$f(R_0,K_1)$ 再与 L_0 模 2 相加,又得到一个 32 位的数据组 $L_0 \oplus f(R_0,K_1)$。以 $L_0 \oplus f(R_0,K_1)$ 作为第 2 次加密迭代的 R_1,以 R_0 作为第二次加密迭代的 L_1。至此,第 1 次加密迭代结束。

（4）第 2 次加密迭代至第 16 次加密迭代分别用子密钥 $K_2,K_3,\cdots,K_{16}$ 进行,其过程与第 1 次加密迭代相同。以此类推。

（5）第 16 次加密迭代结束后,产生一个 64 位的数据组。以其左边 32 位作为 R_{16},以其右边 32 位作为 L_{16},两者合并后,再经过逆初始置换,将数据重新排列,便得到 64 位密文。至此加密过程全部结束。

由于 DES 的运算是对和进行运算,所以解密和加密可共用同一个运算,只是使用子密钥的顺序不同。把 64 位密文当作明文输入,而且第 1 次解密迭代使用子密钥 K_{16},第 2 次解密迭代使用子密钥 K_{15}……第 16 次解密迭代使用子密钥 K_1,最后输出的便是 64 位明文。

DES 总的来说是成功的,但同时也存在着一些弱点和不足。

（1）密钥较短。面对计算能力的高速发展,DES 采用 56 位密钥显然短了一些。如果密钥的长度再长一些,将会更安全。

（2）存在弱密钥。DES 存在一些弱密钥和半弱密钥。在 16 次加密迭代中分别使用不同的子密钥是确保 DES 安全强度的一种重要措施,但实际上却存在着一些密钥,由它们产生的 16 个子密钥不是互不相同的,而是有重复的。

DES 加解密主要有 4 种工作模式：ECB、CBC、CFB 和 OFB。

2. 3DES 加密算法

由于计算机运算能力的增强,DES 密码由于密钥长度有限而容易被暴力破解。3DES(Triple DES,三重 DES)是一种相对简单的改进方法,即通过增加 DES 的密钥长度来避免类似的攻击,而不是设计一种全新的分组密码算法。它也支持 CBC、ECB、CFB 和 OFB 这 4 种工作模式。

在具体加密运算中,3DES 对每个数据分组使用 3 个 DES 的密钥、应用 3 次 DES 加密算法进行了 3 次加密,但这 3 个密钥不是合并成一个密钥,而是分开使用的,在加密时依次使用密钥 1、密钥 2、密钥 3 对明文数据分组进行加密,在解密时依次使用密钥 3、密钥 2、密钥 1 对密文数据分组进行解密。

3DES 具体的加密、解密原理与前面介绍的 DES 一样,只不过是需要利用 3 个密钥对数据分组进行 3 次加密、解密,具体过程比较复杂,在此不作介绍。

3. AES 加密算法

AES(AdvancedEncryptionStandard,高级加密标准)是美国联邦政府采用的一种分组加密标准。这个标准用来替代 DES,已经在全世界广为使用。AES 分组长度为 128 位,支持 128 位、192 位和 256 位的密钥,在软件及硬件上都能快速地加解密,易于操作,且只需要很少的存储空间。

AES 算法采用分组密码的一种通用结构：对轮函数实施迭代的结构。只是 AES 的轮函数采用的是代换/置换（Substitution/Permutation,SP）网络结构,没有采用 DES 的

Feistel 结构。AES 算法的流程如图 2-19 所示。

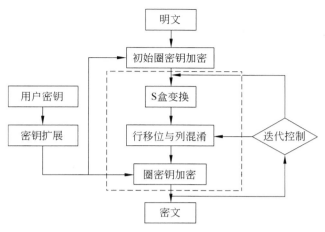

图 2-19　AES 算法流程

AES 算法的安全设计策略是宽轨迹策略(wide trail strategy),该策略是针对差分攻击和线性攻击提出的。它最大的优点是可以给出算法的最佳差分特征的概率以及最佳线性逼近的偏差界,由此可以分析算法抵抗差分攻击和线性攻击的能力,从而确保密码算法具有足够的抵抗差分攻击和线性攻击的能力。

AES 同 DES 一样支持 ECB、CBC、CFB 和 OFB 等工作模式。

2.4.4　非对称密钥加密算法

1. Diffie-Hellman 算法

Diffie-Hellman 是由 Whitfield Diffie 和 Martin Hellman 在 1976 年公布的密钥一致性算法。Diffie-Hellman 算法是一种建立密钥的方法,而不是加密方法。然而,它所产生的密钥可用于加密、进一步的密钥管理或任何其他加密方式。Diffie-Hellman 算法的提出奠定了公开密钥密码编码学的基础。

由于该算法被许多商用产品用作密钥交换技术,因此该算法通常被称为 Diffie-Hellman 密钥交换。这种密钥交换技术的目的在于使得两个用户安全地交换一个秘密密钥,以便将其用于以后的报文加密。Diffie-Hellman 密钥交换算法的有效性依赖于计算离散对数的难度。

该算法也存在一些不足:

(1) 没有提供双方身份的任何信息。该算法是计算密集性的,因此容易遭受阻塞性攻击,即对手请求大量的密钥。受攻击者会花费较多的计算资源来求解无用的幂系数,而不是在做真正的工作。

(2) 不能防止重放攻击。

(3) 容易遭受中间人攻击。第三方 C 在和 A 通信时扮演 B,在和 B 通信时扮演 A。A 和 B 都与 C 协商了一个密钥,然后 C 就可以监听和传递通信量。

2. RSA 算法

RSA 算法是 1977 年由 Ron Rivest、Adi Shamir 和 Leonard Adleman 共同提出的,当时他们都在麻省理工学院工作,RSA 就是以他们三人姓氏的首字母组合而成的。该算法于 1987 年 7 月首次在美国公布。

RSA 算法基于一个十分简单的数论事实:将两个大质数相乘十分容易,但是想要对这个乘积进行因子分解却极其困难,因此可以将乘积公开,作为加密密钥。只要其钥匙的长度足够长,用 RSA 加密的信息实际上是不能被破解的。

公开密钥密码体制就是使用不同的加密密钥与解密密钥,是一种"由已知加密密钥推导出解密密钥在计算上是不可行的"密码体制。在公开密钥密码体制中,加密密钥(即公开密钥)是公开的,而解密密钥(即秘密密钥)是需要保密的。加密算法和解密算法也都是公开的。虽然秘密密钥是由公开密钥决定的,但是不能根据公开密钥计算出私密密钥。正是基于这种理论,1978 年出现了著名的 RSA 算法,它通常是先生成一对 RSA 密钥,其中之一是秘密密钥,由用户保存;另一个为公开密钥,可对外公开,甚至可在网络服务器中注册。为提高保密强度,RSA 密钥至少为 500 位长,一般推荐使用 1024 位。这就使加密的计算量很大。为减少计算量,在传送信息时,常采用传统加密方法与公开密钥加密方法相结合的方式,即信息采用改进的 DES 或 IDEA 对话密钥加密,然后使用 RSA 密钥加密对话密钥和信息摘要。对方收到信息后,用不同的密钥解密并可核对信息摘要。

RSA 的算法涉及 3 个参数,n、e_1、e_2。其中,n 是两个大质数 p、q 的积,n 以二进制表示时所占用的位数就是所谓的密钥长度。e_1 和 e_2 是一对相关的值。e_1 可以任意取,要求 e_1 与 $(p-1)(q-1)$ 互质;再选择 e_2,要求 $(e_2 e_1) \bmod ((p-1)(q-1)) = 1$。

(n,e_1) 与 (n,e_2) 就是密钥对。其中 (n,e_1) 为公开密钥,(n,e_2) 为私密密钥。

RSA 加解密的算法完全相同,设 A 为明文,B 为密文,则

$$A = B^{e_2} \bmod n$$

$$B = A^{e_1} \bmod n$$

在公开密钥加密体制中,一般用公开密钥加密,用私密密钥解密。

e_1 和 e_2 可以互换使用,即

$$A = B^{e_1} \bmod n$$

$$B = A^{e_2} \bmod n$$

2.5 VPN 安全接入平台的发展

移动办公平台如今已成为各行业的重要业务之一。为员工提供更加安全、便捷的接入平台,让员工更加有效地利用移动设备,以应对企业不断变化的业务需求,是对 VPN 安全接入平台的新要求,这些新的要求推动着 VPN 安全接入平台不断向前发展。下面简要介绍 VPN 安全接入平台 3 个发展阶段的情况。

1. 发展初期

初期的 VPN 安全接入平台在技术上主要注重网络边界的安全性,核心是建立 VPN 加密隧道,主要关注的是网络传输的安全性和稳定性,对移动终端和业务系统的安全几乎没有关注;应用场景单一,主要应用于 PC 终端移动办公场景;仅支持 Windows 平台的应用系统;在加密技术上,采用的加密算法多为商密算法,比较简单,极其容易被破解,数据的安全性得不到很好的保障。

2. 发展中期

随着网络技术的不断发展,用户终端和操作系统的类型越来越多,例如 PC 平台使用的 Windows 操作系统,苹果公司的 Mac 操作系统,手机、平板电脑的 Android、iOS 等操作系统等。办公的业务场景需求越来越多,VPN 技术也随之不断改进,开始支持各种不同的操作系统,如 PC 端的操作系统和移动端的操作系统,包括 Windows、Mac、Linux、iOS、Android 等。VPN 技术应用的业务场景也开始多元化,开始支持包括移动办公、移动产业和移动执法方面,对安全的关注点也从传输安全延伸到终端安全,对智能终端的安全性提出了管理办法,同时对传输中的安全合规性提出了更高的要求,加密算法由较容易破解的商密算法转换为国密算法,在智能终端和网络上实行双重安全管理办法,从"管十端"的角度保证移动办公平台接入的安全性。

3. 现状

VPN 技术发展到如今,其业务状态已经不仅仅是硬件或者软硬件的结合,而是发展为基于云安全的接入平台,除了延续发展中期的保障终端和传输安全的基本功能外,更关注业务系统的安全和应用自身的安全,同时也综合了多种生产力套件,如安全邮箱、安全云盘、安全杀毒等技术,搭建一整套移动信息化平台,从用户端、接入端、服务端三方面出发,打造"云、管、端"一体化安全解决方案。三方联动工作示意图如图 2-20 所示。

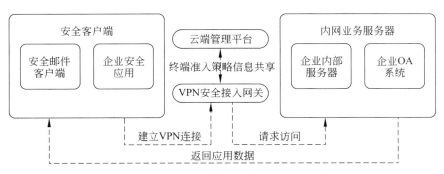

图 2-20　"云、管、端"三方联动工作示意图

在安全客户端中安装了安全邮件客户端和企业安全应用,以客户端作为工作区的唯一入口。当用户完成认证,进入工作区时,VPN 会在后台自动建立连接。用户发起访问请求时,会先进行工作区认证,认证通过后,请求到达 VPN 接入网关进行策略校验,终端准入策略信息会进行实时共享。当云端管理平台通过准入策略后,会告知 VPN 设备,完

成 VPN 隧道建立。随后将请求发送到企业内部服务器,最终将应用数据返回给终端用户。

基于 SSL VPN 的安全接入平台提供了细粒度的访问控制,能够保证内部网络重要数据的安全。SSL VPN 重点在于保护具体的敏感数据,可以根据用户的不同身份,给予不同的访问权限。也就是说,虽然合法用户都可以进入内部网络,但是不同人员可以访问的数据是不同的。更重要的是,SSL VPN 技术在配合一定的身份认证方式的基础上,不仅可以控制访问人员的权限,还可以对访问人员的每个访问、每笔交易、每次操作都进行数字签名,从而保证不可抵赖性和不可否认性,为事后追踪提供依据。此外,由于 SSL VPN 采用代理技术,用户通过代理网关与受保护的内网连接,而不是通过直接的物理通道,因此病毒无法传播或蔓延到内部网络,从而防止了病毒入侵。

为保障客户移动办公的安全性,不仅需要保障身份安全,准入可控,更重要的是需要保障企业应用业务安全。目前,企业采用的解决方案主要有以下特性:

(1) 统一安全接入平台。系统提供统一安全接入平台服务,支持 Windows、Linux、iOS、Android 操作系统,以满足用户通过 PC、移动终端、平板电脑等多种终端接入办公的需求。

(2) 用户身份安全可信。系统支持多种认证方式,包括本地认证、邮箱认证、LDAP认证、AD 域认证、短信认证等。系统还支持软 Token 方式,不通过二维码扫描,通过APP 与 VPN 服务器连接获取动态密钥,提高了安全性,又节省了硬件成本。系统提供了多种身份认证方式供用户灵活选择。

(3) 终端环境安全。系统集成了杀毒引擎,可对智能终端进行病毒木马查杀,使有安全隐患、查杀未通过的智能终端无法接入企业内网,以确保终端环境安全。

(4) 链路传输安全。企业数据通过 VPN 加密隧道传输,链路加密算法同时支持商密算法(AES、3DES 等)和国密算法(SM1/SM2/SM3/SM4 算法)。采用专业的 VPN 网关设备,在原有 SSL 加密算法基础上提升加密强度,大幅增加了破解的难度。

(5) 统一派发设备强管控。对于海量终端,VPN 设备可进行终端设备强管控,对终端设备状态(如设备位置、设备系统信息、设备硬件信息、设备装载应用信息等)进行详细记录。采用沙箱技术对个人区和工作区进行数据进程隔离,企业数据会保存在虚拟工作区当中,可禁止外发泄露,保障工作区应用数据安全。由于落地的数据都经过加密处理,即使被恶意复制到其他终端上,也无法查看其内容。另外,管理员可统一管理终端设备,进行远程下发消息(阅后即焚)、远程擦除工作区数据、远程锁屏等操作。

从以上 5 个特性来看,VPN 技术在保障移动办公安全方面有了很大发展。通过多因素认证保障身份安全,通过病毒查杀保障终端环境安全,通过沙箱技术保障终端数据安全,通过专业的 SSL VPN 保障链路安全,结合安全邮件、安全浏览器等保障办公套件安全,通过应用封装分发技术保障企业应用安全,从而打造从终端到链路再到应用的"云、管、端"全面安全解决方案。

2.6　思考题

1. VPN 有哪些部署方式？请画出对应的结构拓扑图。

2. 简述 VPN 隧道技术。

3. 简述 PPTP 通信过程。

4. 简述 L2TP 协议的安全功能。

5. 简述 IPSec 协议的安全功能。

6. 简述 VPN 的两种身份认证技术，并比较二者的区别。

7. 比较 MD5、SHA-512、SM3 的优缺点。

8. 什么是对称密钥加密算法？什么是非对称密钥加密算法？

9. 比较对称密钥加密算法和非对称密钥加密算法的优缺点，并根据二者的优缺点分析其适用场景。

第 3 章

IPSec VPN

IPSec 技术能够保障局域网、各种类型的广域网以及 Internet 环境中各种类型的信息在网络传输过程中的安全。IPSec 技术应用于 IP 层,以数据包为处理对象,实现了高强度的安全性保障,具体表现为对数据源进行全面验证、对处于无连接状态的数据进行完整性检验、对数据开展机密性和抗重放的检查,以及对有限的业务流所具有的机密性实施检验等各种安全性作用。而运行在系统中的各种类型的应用程序都可以得到在 IP 层建立的密钥以及其他安全机制提供的保障,而不需要独立设计和执行各自的安全保护机制,这就使得系统中的密钥协商所需的系统资源大大减少,同时在统一的安全保证下,能够明显降低安全漏洞的出现概率。因此,IPSec VPN 是目前比较流行的 VPN 实现方案。本章将对 IPSec VPN 的原理与实现进行详细讲解,通过对本章的学习,应了解 IPSec 协议族,掌握 IPSec 技术的原理及实现过程。

3.1　IPSec 概述

3.1.1　IPSec 协议族

IPSec(Internet 协议安全性)是 Internet 工程任务组(IETF)制定的一系列协议,以保证在 Internet 上传送数据的安全保密性。特定的通信方之间在 IP 层通过加密与数据源验证来保证数据包在 Internet 上传输时的私有性、完整性和真实性。

IPSec 通过两个安全协议来实现对 IP 数据包或上层协议的保护,在实现过程中不会对用户、主机或其他 Internet 组件造成影响。IPSec 主要依赖密码技术提供认证和加密机制,它是现代密码技术在通信领域的应用范例。

IPSec 作为网络安全的一个重要协议族,定义了在网络层使用的安全服务,其功能体现了网络安全的大部分需求,包括数据加密、对网络单元的访问控制、数据源地址验证、数据完整性检查和防止重放攻击。

3.1.2　IPSec 的体系结构

IPSec 是一个关于开放标准的框架,它给出了应用于 IP 层上的网络数据安全的体系结构,包括 AH(认证头)协议、ESP(封装有效载荷)协议、IKE(密钥管理协议)协议以及用于用户身份认证和数据加密的一系列算法。IPSec 的体系结构可分为 7 个部分,如图 3-1 所示。

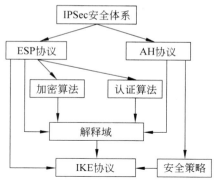

图 3-1　IPSec 体系结构

（1）AH 协议。定义了认证头进行的身份认证、数据包格式及相关的服务。其主要功能有数据源验证、数据完整性校验和防止重放。

（2）ESP 协议。定义了有关数据包加密（可选身份认证）、数据包格式和相关的服务。它除了提供 AH 协议的所有功能之外,还提供 IP 数据包加密功能。

（3）加密算法。描述如何将 AES、DES、3DES 等加密算法应用于 ESP 协议中。

（4）认证算法。描述如何将 MAC2MD5、HMAC2SHA21 等各种身份认证算法应用于 AH 协议和 ESP 协议中。

（5）IKE 协议。用于管理两个通信实体之间密钥的生成、分发和更新等。例如,IKE 协议能够实现自动建立加密、认证的安全信道以及密钥的自动安全分发和更新。

（6）解释域（Domain of Interpretation,DOI）。用于存放密钥管理协议协商的参数,如加密及认证算法的标识符、参数等。

（7）安全策略（Security Policy,SP）。用于决定两个通信实体之间如何通信。其核心由 3 个部分组成：SA（安全联盟）、SAD（Security Association Database,安全联盟数据库）以及 SPD（Security Policy Database,安全策略数据库）。

在 IPSec 的体系结构中,AH 协议和 ESP 协议是安全处理协议,这两个协议既可以单独使用,又可以同时使用,前者提供数据完整性保护,后者提供数据保密性和数据完整性保护。两个协议都是将一个可变长度的数据包结构插入 IP 头与上层协议之间。AH 协议首先使用协商好的算法和密钥计算整个数据包不变部分的摘要值,然后将此摘要值作为数据包完整性的证据保存在身份认证头结构中。ESP 协议则将原始数据包加密后作为载荷携带在数据包中。此外,ESP 协议也可以实现数据完整性验证,但是与 AH 协议包含的字段不同。表 3-1 给出了这两种协议的比较。这两种协议的实现原理将在 3.2 节详细叙述。

表 3-1　AH 协议与 ESP 协议的比较

安全特性	AH	ESP
网络层的 IP 协议号	51	50
提供数据完整性验证	是	是
提供数据源验证	是	是
提供数据加密	否	是
防止重放	是	是
与 NAT 协议一起工作	否	是
保护 IP 数据包	是	否
只保护数据	否	是

3.1.3　IPSec 的关键概念

本节对 IPSec 的关键概念进行介绍。

（1）安全联盟（SA）。包括协议、算法、密钥等内容，具体确定了如何对 IP 数据包进行处理。安全联盟是单向的，在两个安全网关之间进行双向通信时，需要两个安全联盟来分别对输入数据流和输出数据流进行安全保护。安全联盟由一个三元组来唯一地标识，这个三元组包括安全参数索引、目的 IP 地址和安全协议号（AH 或 ESP）。

（2）安全联盟数据库（SAD）。用于存放安全联盟的所有状态数据的存储结构。

（3）安全参数索引是一个 32b 的数值，在每一个 IPSec 包中都携带该数值。由安全参数索引、目的 IP 地址、安全协议号组成的三元组唯一地标识一个特定的安全联盟。手工配置安全联盟时需要手工指定安全参数索引，为保证安全联盟的唯一性，必须使用不同的安全参数索引来配置安全联盟。IKE 协议产生安全联盟时，使用随机数来生成安全参数索引。

（4）安全策略，由用户手工配置，规定对什么样的数据流采用什么样的安全措施。一条安全策略由名字和顺序号共同标识。

（5）安全策略数据库（SPD）。是所有具有相同名字的安全策略的集合，用来指明所有 IP 数据包文应使用何种安全服务以及如何获得这些服务的数据结构。当一个接口需要对外建立多条安全隧道时，必须采用这种形式。使用 SPD 时需要明确一个原则：任何一个端口都只能应用一个安全策略库，任何一个安全策略库也只能应用于一个端口。

（6）数据封装。是指将 AH 协议或 ESP 协议相关的字段插入原始 IP 数据包中，以实现对数据包的身份认证和加密。

（7）安全隧道。是点对点的安全连接。通过在安全隧道的两端（本端和对端）配置（或自动生成）对应的安全联盟，实现 IP 数据包的本端加密和对端解密。安全隧道可以跨越多台路由器和网络，只有安全隧道的两端共享了秘密；对于隧道中间的路由器和网络，所有的加密数据包和普通数据包一样被透明地转发。

（8）安全网关。是指具有 IPSec 功能的网关设备（安全加密路由器）。安全网关之间可以利用 IPSec 对数据进行安全保护,以保证数据不被偷窥或篡改。

3.1.4　IPSec 的工作模式

IPSec 在对数据进行封装时有两种模式,AH 协议和 ESP 协议都支持这两种封装模式,即传输模式和隧道模式。前者在原始 IP 头与上层协议之间插入 AH 协议头或 ESP 协议头,后者则是增加新的 IP 头,将原始 IP 头和原始 IP 数据包本身都作为载荷。

1. 传输模式

传输(transport)模式下的安全协议主要用于保护上层协议数据包,仅传输层数据用来计算安全协议头,生成的安全协议头以及加密的用户数据(仅针对 ESP 封装)被放置在原 IP 头后面。即在传输模式下,不对原始数据包进行重封装,只是把新添加的认证头当成原始 IP 数据包的数据部分进行传输。传输模式封装的 IP 数据包结构如图 3-2 所示。

(a) 原始IP数据包(IPv4)

(b) 传输模式封装的IP数据包(IPv4)

图 3-2　传输模式封装的 IP 数据包结构

当要求端对端(end-to-end)的安全保障,即数据包进行安全传输的起点和终点为数据包的实际起点和终点时才可以使用传输模式,因为此时不用对用户发送的 IP 数据包进行重封装,只需要实现端对端的通信即可。IPSec 的传输模式如图 3-3 所示。

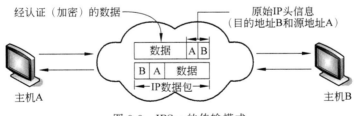

图 3-3　IPSec 的传输模式

2. 隧道模式

隧道(tunnel)模式下的安全协议用于保护整个 IP 数据包,即用户的整个 IP 数据包都被用来计算安全协议头,生成的安全协议头以及加密的用户数据被封装在一个新的 IP 数据包中。也就是在隧道模式下,封装后的数据包有内、外两个 IP 头,其中的内部 IP 头为原 IP 头(Raw IP Header),外部 IP 头(New IP Header)是新增加的 IP 头。隧道模式封装的 IP 数据包结构如图 3-4 所示。

在隧道模式中,如果采用了 AH 协议,就无法实现 NAT 穿越。这是因为,如果有

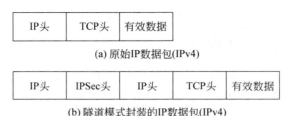

(a) 原始IP数据包(IPv4)

(b) 隧道模式封装的IP数据包(IPv4)

图 3-4 隧道模式封装的 IP 数据包

NAT 设备,最外层 IP 头的地址信息一定会发生变化。AH 协议的认证范围是整个新生成的 IP 数据包,只要发生了数据变化则会导致认证失败。而如果单独采用 ESP 协议,认证范围则不包括"新 IP 头"和"ESP 认证数据"这两个字段,原始 IP 头信息不会发生变化,所以单独采用 ESP 作为安全协议时是可以穿越 NAT 的。

　　隧道模式在两台主机点对点(site-to-site)连接的情况下,原始 IP 头放在了 AH 或 ESP 头之后,隐藏了内网主机的私网 IP 地址,可保护整个原始数据包传输的安全。隧道模式通常用于保护两个安全网关之间的数据,实现点对点的安全连接。IPSec 的隧道模式如图 3-5 所示。

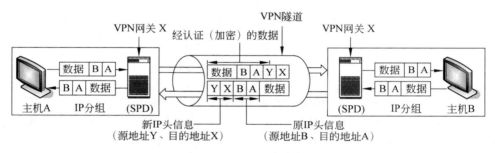

图 3-5 IPSec 的隧道模式

3. 两种模式的比较

　　从安全性来讲,隧道模式优于传输模式,因为隧道模式可以完全地对原始 IP 数据包进行认证和加密,隐藏客户机的私网 IP 地址,而传输模式中的数据加密不包括原始 IP 头。

　　从性能来讲,因为隧道模式有一个额外的 IP 头,所以它将比传输模式占用更多带宽,有效传输率较低。

　　从应用场景来讲,传输模式在 AH 协议或 ESP 协议处理前后 IP 头保持不变,主要用于端对端的应用场景,适用于主机到主机方式数据包的处理;隧道模式在 AH 协议或 ESP 协议处理之后再封装一个外网 IP 头,主要用于点对点的应用场景,适用于转发设备上作为封装处理的场景。

　　此外,使用传输模式有以下充要条件:要保护的数据流必须完全在发起方和响应方的 IP 地址范围内。因此,可以使用传输模式的情况受到较大的限制。

3.2 　IPSec VPN 技术

3.2.1　IPSec 加密传输

1. IPSec 对 IP 数据包的处理

1) 对发送数据包的处理流程

在操作系统的 IP 协议栈中,在数据包被从网络设备发送出去之前截取 IP 数据包,然后从中提取选择符信息,据此搜索 SPD 可能会产生如下结果:

(1) 安全策略决定丢弃此数据包,则直接丢弃,或向源主机发送 ICMP 信息。

(2) 安全策略决定放行,则直接将数据包投放到网络设备的发送队列。

(3) 安全策略决定应用 IPSec。此时安全策略指向一个 SA,可以根据它进行安全处理;如果需要的 SA 不存在,则触发 IKE 模块协商建立 SA,在协商周期内,数据包进入等待队列,等待协商完成,若协商超时,也会丢弃该数据包。

2) 对接收数据包的处理流程

系统收到 IP 数据包后,从 IP 头及 TCP/UDP 头中提取选择符信息,搜索 SPD。如果该 IP 数据包不是 IPSec 数据包,则直接进行网络转发处理或者交给上层协议处理;如果它是 IPSec 数据包,则依照如下流程处理:

(1) 从 IP 数据包中提取出三元组(SPI、目的 IP 地址和安全协议号),并查找 SAD,定位 SA。如果没有 SA,则丢弃该 IP 数据包,并记录日志。

(2) 由上一步获得的 SA 进行 IPSec 处理。

(3) 由 SA 指向的 SP 确定对 IP 数据包的处理,决定交给上层协议处理还是继续转发。

其中,第(1)、(2)步会循环处理,直到处理到上层协议(TCP/UDP),或者内部 IP 数据包为非本地目的地址,需要转发该 IP 数据包。

2. IPSec 加密传输流程

一个 IP 数据包到达安全加密路由器的端口 1 后,路由器首先根据此数据包的源 IP 地址和目的 IP 地址、端口号、协议号查询本端口引用的访问控制列表,以确定是否允许其通过,然后查询路由表,最后将此数据包送到端口 2。

数据包到达此加密路由器端口 2 后,将数据包的 IP 头提取出来与访问控制列表对照,如果发现此数据包需要加密,便将其交给 IPSec 来处理。IPSec 加密传输流程如图 3-6 所示。

IPSec 首先根据查询访问控制列表的结果,将对应的 SA 的信息与 IP 头放到 IPSec 队列中,逐一处理。然后,IPSec 将根据该数据包指定的 SA 的配置进行如下操作:

(1) 检查此 SA 所用的封装模式。如果是隧道模式,则将原 IP 数据包整个当作数据进行加密;如果是传输模式,则将 IP 头提取出来,只对数据段进行加密。

(2) 不论是隧道模式还是传输模式,加密数据的方式都是一致的。此阶段有两种方

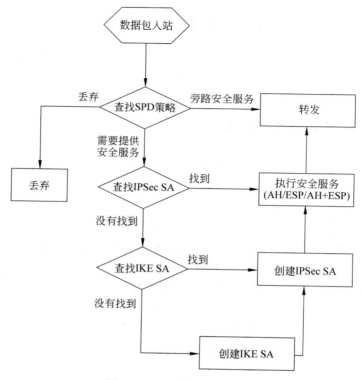

图 3-6　IPSec 加密传输流程

式(由 SA 引用的转换方式配置决定):一种是 AH 协议方式,另一种是 ESP 协议方式。

(3)加密完成后,IPSec 根据转换方式(隧道模式或传输模式)为新的数据加上新的 IP 头。对于隧道模式,IPSec 会将 SA 配置中设置的隧道入口和出口的 IP 地址作为新的源 IP 地址和目的 IP 地址,根据使用的协议产生一个新的 IP 头;对于传输模式,IPSec 会将原来的 IP 头直接放在数据的前面,但安全协议号已经修改成了 AH 或者 ESP。

至此发送端的工作完成。接收端的工作与之类似,只是处理的方式相反,后面将对此进行详细讲述。

3.2.2　AH 协议的原理及运行方式

1. AH 协议

AH 协议主要提供 3 个安全功能:数据完整性服务、数据验证、防止数据重放攻击。

AH 的工作原理是在每一个数据包上添加一个身份认证头。这个身份认证头包含一个带密钥的散列值(可以将其当作数字签名,但不使用证书),此散列值在整个数据包中计算,因此对数据的任何更改都将导致散列值无效,因此该过程提供了完整性保护。

AH 头位置在 IP 头和传输层协议头之间。AH 协议由 IP 协议号 51 标识,该值包含在 AH 头之前的协议头(如 IP 头)中。AH 可以单独使用,也可以与 ESP 协议结合使用。ESP 协议也提供可选择的认证服务,AH 协议与 ESP 协议的认证服务的差别在于它们计算时所覆盖的范围不同。

AH 头结构如图 3-7 所示。

0	8	9	23	24	31
下一个头		有效载荷长度		保留	
安全参数索引					
序列号					
验证数据					

图 3-7　AH 头结构

在 AH 头结构中,各个字段的含义如下。

(1) 下一个头:指定被封装的数据的协议,协议号是由 Internet 数字分配机构(Internet Assigned Numbers Authority,IANA)定义的。

(2) 有效载荷长度:定义了 AH 头的长度,不包括其外面的 IP 头和封装的数据长度。

(3) 保留字段当前没有使用。

(4) 安全参数索引:由接收端的设备为单向连接分配的一个数字,它可以区分从这台设备的一个连接和另一个连接或是其他端对端设备出去的流量。这个字段长为 4B。

(5) 序列号:指定通过数据连接的每一个数据包的独立的号码,该字段可用于检测重放攻击。

(6) 验证数据:包含 ICV(Integrity Check Value,完整性校验值)和其他数据,其中 ICV 为数据包提供了验证信息,它是利用 MD5 或 SHA-1 HMAC 功能产生的数字签名。

对于 AH 协议的功能有以下两点需要注意:

(1) AH 的保护服务中不包括数据加密,因此 AH 通常使用在内部网络中。

(2) AH 不能与 NAT 联合工作的原因是:NAT 改变了源 IP 地址与目的 IP 地址,但是 AH 在建立 ICV 时需要使用这些字段。

2. 传输模式下 AH 的封装

AH 用于传输模式时,提供基于主机到主机的安全通信。AH 头紧跟在 IP 头之后、上层协议头(如 TCP 头)之前,对这个数据包进行保护。传输模式下 AH 的封装结构的对比如图 3-8 所示。

3. 隧道模式下 AH 的封装

AH 用于隧道模式时,提供基于网关和主机的安全通信。在隧道模式下,AH 协议封装整个 IP 数据包,并在 AH 头外部再封装一个 IP 头,内部 IP 头的源 IP 地址和目的 IP 地址是最终的通信两端的 IP 地址,而外部 IP 头的源 IP 地址和目的 IP 地址是隧道的起止端点的 IP 地址。在隧道模式下,AH 协议保护了整个内层 IP 数据包。与传输模式类

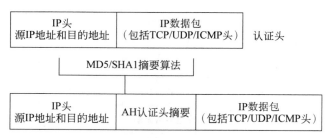

图 3-8　传输模式下 AH 的封装结构

似,AH 头的位置也是紧接在最外面的 IP 头之后。隧道模式下 AH 的封装结构如图 3-9
所示。

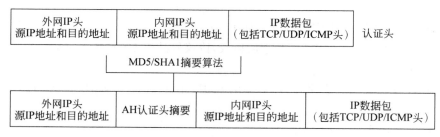

图 3-9　隧道模式下 AH 的封装结构

4. AH 处理流程

AH 的工作主要涵盖了对于数据包的发送处理和接收处理,在发送的时候主要添加
相应的 AH 头,而在接收的时候主要进行相应的数据解码处理。

1) 对发送数据包的处理流程

AH 的验证数据包产生一个完整性验证值(ICV)。在接收方,通过重新计算 ICV 并
与收到的发送方计算的 ICV 进行比较,判断 AH 提供保护的数据是否遭到篡改。

AH ICV 的计算数据包括 IP 头中的值(这些值必须满足的条件是传输中不变或在
AH 处理前的变化可预测)、AH 头中的数据、可能有的填充字节和高层协议数据。

按照 AH 头中各字段的出现顺序,对各字段的构造、处理过程说明如下:

(1) 下一个头字段的取值来自跟在 AH 头后的数据的协议号。有效载荷长度代表从
序列号字段开始的 AH 头长度(以 32b 为单位)。安全参数索引的值来自 AH SA 中
的 SPI。

(2) 创建一个外出 SA 时,发送方的计数器被清零(初始化),每次利用这个 SA 构造
一个 AH 之前,发送方将计数器加 1 并将新值填入序列号字段,这样就能保证每个 AH
头中的序列号是唯一的、单调递增的。根据是否提供防重放服务,发送方对序列号的溢出
处理不同。若接收方允许防重放功能(默认),则发送方在计数器溢出之前要创建新的
SA;若接收方禁止防重放功能,则发送方只需将计数器递增,在序列号等于最大值($2^{32}-1$)
后,将计数器重新清零。

(3) 在进行 ICV 计算之前,AH 头中的验证数据字段必须被清零。因为与 ESP 相

比,AH将验证服务覆盖范围扩展到之前的 IP 头,因此必须将 IP 头中取值不定的字段清零,这样,在传输过程中,中间设备对这些字段的修改不会影响数据包中数据的完整性。

（4）在需要填充的情况下,填充可分为隐式和显式两种。根据验证算法的需要,在 ICV 计算之前,隐式填充数据被添加到数据包的尾部,填充长度由算法决定,内容必须清零,并且不随数据包一起传输;而显式填充的长度取决于 ICV 的长度和 IP 协议版本（IPv4 或 IPv6）。填充的内容可以任意选择,位于验证数据之后的这些填充包含在 ICV 计算中,并且随数据包一起传送。

（5）计算好的 ICV 被复制到 AH 头中的验证数据字段。至此 AH 处理结束,处理后的数据包可以继续进行下一步处理。

2）对接收数据包的处理流程

在 AH 处理之前,可能需要重组收到的 IP 数据包。对于接收方 AH 而言,必须丢弃需要处理的 IP 数据包的分片。根据 AH 处理之前检索到的 AH SA,具体的处理过程如下:

（1）若接收方指定这个 SA 禁止防重放服务,则无须对序列号进行检查;反之,对接收到的每个数据包,必须首先验证其序列号,确保在该 SA 的作用时间内该序列号没有重复出现。使用滑动接收串口和位掩码检查重复的数据包。若检查失败,则这个数据包被丢弃。

（2）对通过序列号检查的数据包进行 ICV 验证。第一步,将数据包中的验证数据字段中的 ICV 保存下来,然后将该字段清零。第二步,接收方根据 AH SA 指定的验证算法,选择与发送方一致的计算范围（可能需要隐式填充）进行 ICV 计算,将计算的结果与保存的 ICV 值相比较。若两者不一致,则接收方丢弃这个无效的 IP 数据包;否则,表明 ICV 检查成功,接收方更新接收窗口。

（3）ICV 验证完成之后,应比较 SA 对应的 SPD 条目所采用的安全策略和这一数据包所采取的保护方式之间的异同,完成对两种安全方式的一致性检验。

3.2.3　ESP 协议的原理及运行方式

1. ESP 协议

ESP 协议提供了对数据的第 3 层保护。它提供了与 AH 协议同类型的服务,但有以下两点例外:

（1）ESP 提供对用户数据的加密服务。

（2）ESP 的数据验证和完整性服务只包括 ESP 头和有效载荷,不包括外部的 IP 头。因此,如果外部 IP 头被破坏,ESP 无法检测到,而 AH 可以检测到。

ESP 协议包结构如图 3-10 所示。

（1）安全参数索引（SPI）:标识一个安全连接,与 AH 头中的 SPI 字段相同。需要指出的是,SPI 本身可以被验证,但不会被加密,否则无法处理。

（2）序列号:一个单调递增的计数器的值,同 AH 头中的序列号字段相同,主要为了抵抗重放攻击。同样,序列号也不会被加密。

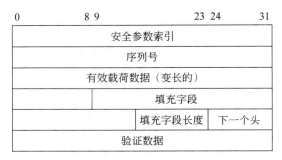

图 3-10　ESP 协议包结构

（3）有效载荷数据：长度可变，为加密的传输数据。

（4）填充字段：长度为 0～255B，用于将明文扩充到规定的长度，以保证边界的正确，同时隐藏有效载荷数据的实际长度。

（5）填充字段长度：表示填充字段填充的字节数。

（6）下一个头：标识下一个头的类型，从而表示有效载荷数据的类型。在传输模式下，该字段是处于保护中的 IP 上层协议（如 UDP 或 TCP）的协议类型值；在隧道模式下，该字段的值为 4。

（7）验证数据：与 AH 头中的验证数据字段相同，ICV 的长度必须是 32b 的整数倍，是在前面字段基础上计算的完整性校验值。

2. 传输模式下 ESP 的封装

ESP 用于传输模式时，只能用于基于主机到主机的 IP 网络安全通信，且此时只能保护 IP 网络层之上的协议（如 TCP）数据，而不包括 IP 头。传输模式下的 ESP 封装头紧接在 IP 头之后、上层协议头之前（在协议嵌套模式下，则位于其他 IPSec 协议头之前）。传输模式下 ESP 的封装结构如图 3-11 所示。

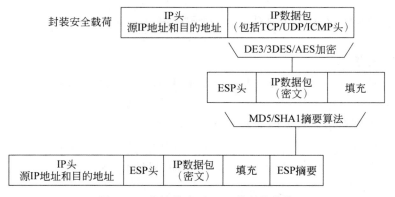

图 3-11　传输模式下 ESP 的封装结构

3. 隧道模式下 ESP 的封装

当 ESP 协议应用于网关时，必须使用隧道模式。此时，ESP 封装整个 IP 数据包，并在 ESP 头外部再封装一个 IP 头。内网 IP 头的源 IP 地址和目的 IP 地址是最终通信两端的 IP 地址,而外网 IP 头的源 IP 地址和目的 IP 地址是隧道的起止端点的 IP 地址,内网 IP 头和外网 IP 头中的 IP 地址可以是不同的。此时,ESP 对内网的整个 IP 数据包进行保护。隧道模式下 ESP 的封装结构如图 3-12 所示。

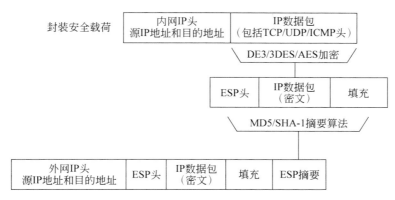

图 3-12　隧道模式下 ESP 的封装结构

4. ESP 处理过程

ESP 对发送的 IP 数据包主要进行加密处理,而对接收的 IP 数据包主要进行验证处理。

1) 对发送数据包的处理流程

ESP 对发送数据包的处理可以分为 3 部分:序列号生成、数据包加密和 ICV 计算。若 ESP SA 不提供加密服务,则可忽略加密处理。具体步骤如下:

(1) 对于发送数据包中序列号的处理,ESP 与 AH 完全相同。

(2) 加密处理前,发送方首先构造 ESP 数据包,将 SA 中的 SPI 复制到 SPI 字段,将 ESP SA 中的计数器加 1 后的新值填入序列号字段。根据 SA 工作模式的不同,封装在 ESP 有效载荷数据字段中的数据也不同:传输模式下是原始的高层协议信息,下一个头字段取自 IP 头中的协议字段;而隧道模式下是整个原始的 IP 数据包,下一个头的可能取值为 4(IPv4 环境)或 41(IPv6 环境)。此外,隧道模式下,一个新的 IP 头插在 ESP 数据包的前面,新 IP 头中各字段的取值遵照本地的 IP 协议版本的规定。对于 IPv4 头,源 IP 地址和目的 IP 地址依赖于 ESP SA。若数据包被转发,则取值遵照封装前后 TTL 协议版本的规定。对于 IPv4 头,源 IP 地址和目的 IP 地址依赖于 ESP SA。若数据包被转发,封装前后 TTL 值需减 1。

(3) 根据需要,可能要添加填充数据。填充内容可以不同,但填充长度字段必须赋值。

(4) 加密处理则利用 ESP SA 指定的加密密钥、加密算法、加密模式和可能的初始化矢量加密上述操作后的结果,包括有效载荷数据、填充、填充长度、下一个头 4 个字段。若 ESP SA 同时提供验证服务,则先进行加密,后进行验证,验证数据没有被加密,这样的安排便于接收方及时发现、拒绝重放或伪造的数据包。

（5）发送方对 ESP 数据包中去除验证数据后剩下的部分进行 ICV 计算，因此安全参数索引、序列号和加密的有效载荷数据、可能出现的填充、填充长度、下一个头字段均包含在 ICV 计算中。ICV 被复制到 ESP 尾部的验证数据字段中。

2）对接收数据包的处理流程

ESP 在处理之前可能需要对数据包的分片进行重组，对每个接收数据包的处理大致可以分为 3 部分：序列号验证、ICV 验证和数据包解密。序列号要在 ICV 提供的完整性保护下工作，因此，对一个 ESP SA 而言，如果不提供验证服务，那么提供防重放服务是没有任何意义的。具体步骤如下：

（1）若接收方禁止防重放服务，则无须对 ESP 数据包中的序列号进行检查，否则，需要检查序列号是否重复，检查采用的方法与 AH 协议相同。若 ESP 数据包中包含有效序列号，则进行 ICV 验证，若验证失败，接收方丢掉这个无效的 IP 数据包。

（2）若 ESP SA 同时提供验证服务，则接收方利用 SA 指定的验证算法，对不包含验证数据的 ESP 数据包进行 ICV 计算，并将结果和 ESP 数据包中包含的验证数据相比较。若重新计算的 ICV 和接收到的 ICV 相同，则认为数据有效，可以接受；否则丢弃整个数据包。

（3）直到此时，接收方才利用 ESP SA 指定的密钥、加密算法、算法模式等对有效载荷数据、填充、填充长度、下一个头字段进行解密，得到明文。然后处理加密算法规范可能使用的填充数据。最后重构原始的 IP 数据包。在传输模式下，利用原始的 IP 头和 ESP 有效载荷数据字段中的原始高层协议信息重构 IP 数据包；在隧道模式下，则利用 ESP 有效载荷数据字段中的 IP 数据包和隧道外的 IP 头重构 IP 数据包。

（4）如果 SA 同时提供解密和验证服务，解密和验证操作可以并行执行，此时验证操作必须在解密数据包进入下一步处理之前完成。在某些情况下，解密操作不一定会成功，此时后续协议负责处理解密后的数据包。判断解密的结果是否正确。

3.2.4 IKE 协议

1. IKE 协议概述

IPSec 的安全联盟（SA）可以通过手工配置的方式建立，但是当网络中的节点较多时，手工配置将非常困难，而且难以保证安全性。这时就要使用 IKE 协议自动地进行安全联盟建立与密钥交换的过程。

IKE 协议是建立在由 Internet 安全联盟和密钥管理协议（Internet Security Association and Key Management Protocol，ISAKMP）定义的框架上，沿用 Oakley 的模式以及 SKEME 的共享和密钥更新技术定义的秘密材料（包括验证材料和加密材料）生成技术和密钥协商策略。作为混合协议，IKE 协议的功能是在保护方式下协商 SA，并为 SA 提供经验证的秘密材料。IKE 协议不仅可用于协商 VPN，而且可用于远程用户接入安全主机和网络。IKE 协议同样支持客户协商，在这种模式下，终端实体的身份信息是隐藏的。

IKE 协议利用 Diffie-Hellman 密钥交换算法和各种身份认证方法（如数字签名）可以在一条不保密的、不受信任的通信信道（如 Internet）上为交换密钥的双方建立一个安全的、共享秘密的会话,通过管理安全联盟来实现对密钥的管理。

Diffie-Hellman 密钥交换算法是早期的密钥交换算法之一,它使得通信的双方能在非安全的信道中安全地交换密钥,用于加密后续的通信消息。

2. IKE 与 IPSec 的关系

IKE 是 IPSec 协议族中的一种,IKE 与 IPSec 的关系如图 3-13 所示。

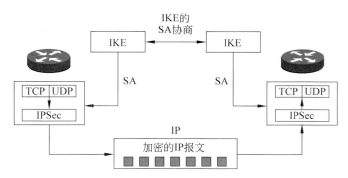

图 3-13　IKE 与 IPSec 的关系

IKE 是 UDP 上的一个应用层协议。IKE 为 IPSec 协商建立 SA,并将建立的参数及生成的密钥交给 IPSec。IPSec 使用 IKE 建立的 SA 对 IP 数据包进行加密或验证处理。

IKE 在 IPSec 中的作用包括以下几点:

* 降低手工配置的复杂度。
* 定时更新 SA。
* 定时更新密钥。
* 允许 IPSec 提供反重放服务。
* 允许在端与端之间进行动态认证。

3. IKE 的两个阶段

IKE 使用了两个阶段的 ISAKMP 分别建立 IKE SA 和 IPSec SA。其中,IPSec SA 受 IKE SA 的保护,IKE SA 为 IPSec SA 提供交换服务。整个协商过程分为两个阶段。

第一阶段的实施过程如图 3-14 所示。

在第一阶段,双方协商建立一个安全的、经过相互身份认证的数据通道,称之为 IKE SA。IKE SA 保存着双方继续协商 IPSec SA 所需的加密算法、密钥等安全参数。在第一阶段协商中可以采用两种模式:即主模式(main mode)和激进模式(aggressive mode)。

主模式执行 3 步双向交换过程,总共 6 个数据包。3 步双向交换是指:协商安全策略用于管理连接、使用 Diffie-Hellman 算法对上一步中协商的加密算法和 HMAC 功能产生密钥,使用预共享密钥、RSA 加密的随机数或者 RSA 签名(数字证书)执行设备验证。

主模式有一个好处:设备验证的步骤发生在安全的管理连接中。因为这个连接是在前两步中构建的,所以两个对等体发送给对方的任何实体信息都可以免受窃听攻击。

在激进模式中,发生两步交换。第一步交换含有一些用于保护管理连接的策略、Diffie-Hellman 算法建立的公钥/私钥对的公钥、实体信息及其验证(例如签名)。所有这

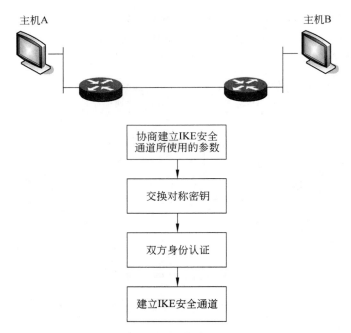

图 3-14　第一阶段的实施过程

些信息都放入一个数据包中。第二步交换是对收到的上述数据包进行确认,共享加密的密钥(由 Diffie-Hellman 算法生成),并检查管理连接是否已成功地建立。

激进模式与主模式相比的一个主要的优点是建立管理连接的速度较快。激进模式的缺点是任何发送的实体信息都是明文的,所以如果某人在正在传输过程中实施窃听攻击,就会看见用于建立设备验证的签名的实体信息。

这两种模式主要的区别在于是否对用户的身份载荷(ID payload)进行认证,它们需要交换的数据包的数量也不同。密钥协商过程中一共可以采用 4 种身份认证方法,即数字签名、公钥加密算法、改进的密钥算法和预共享密钥。

第一阶段的实施过程如图 3-15 所示。

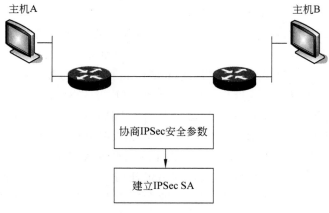

图 3-15　第二阶段的实施过程

在第二阶段,双方使用第一阶段产生的 IKE SA,协商产生用于上层应用的 IPSec SA,使用快速模式(quick mode)来实现。

快速模式有两个主要功能:

- 协商安全参数来保护数据连接。
- 周期性地对数据连接更新密钥信息。

第二阶段实际上是在两个对等体之间构建两个单向数据连接。例如,主机 A 有一个到主机 B 的单向数据连接,主机 B 有一个到主机 A 的单向数据连接。由于两个数据连接均是单向的,所以在两个对等体之间协商的安全参数可能是不同的。例如,主机 A 到主机 B 的数据连接可能使用 3DES 算法进行加密,而主机 B 到主机 A 的数据连接可能使用 DES 算法进行加密。

第二阶段构建数据连接的过程中可以使用一个或者两个安全协议来保护传输的数据,即 AH 协议和 ESP 协议。

安全协议的连接模式也有两种,即传输模式和隧道模式(若同时使用了 AH 协议和 ESP 协议,则需要对它们使用同一种连接模式)。

在传输模式中,用户数据的实际源 IP 地址和目的 IP 地址启用保护服务,当使用这种连接模式添加的设备越来越多时,就会变得非常难以管理。这种模式通常用于在两台设备之间保护特定的流量,例如 TFTP 传输配置文件或者系统日志传输日志消息。

在隧道模式中,中间设备通常执行用户数据的保护服务。这种连接模式用于点对点和远程访问连接,因为原始的 IP 数据包被保护,嵌入 AH/ESP 中,外面添加了一个 IP 头,内部的 IP 数据包可以包含私有的 IP 地址。如果使用 ESP 进行加密,那用户数据实际的源 IP 地址和目的 IP 地址对于窃听者是隐藏的。

与传输模式相比,隧道模式的主要优点是保护服务的功能可以集中在少量设备上,减少了配置和管理工作量。

3.2.5　IPSec SA

1. 安全联盟和密钥管理协议

ISAKMP 协议定义了 SA 建立过程中的协商、修改、删除的过程以及通信的消息结构。ISAKMP 为密钥的传输和数据的认证提供了统一的协议框架结构,而该框架独立于具体的密钥产生算法、加密算法和认证机制。

一个 ISAKMP 消息由一个消息头和多个消息载荷构成。当一个 ISAKMP 消息有多个消息载荷时,这些消息载荷利用 ISAKMP 消息头和各个消息载荷头的下一个载荷字段(指针)构成一个消息载荷数据串。

2. IKE SA 的建立

IKE SA 的建立是通过第一阶段的 ISAKMP 交换来实现的。ISAKMP 第一阶段交换的目的是建立一个保密的已验证的通信信道(IKE SA),并生成密钥,为双方的 IKE 通信提供机密性、消息的完整性以及消息源验证服务,IKE SA 用于保护 IKE 阶段的消息交换和第二阶段 IPSec SA 的建立,IKE SA 主要包括加密算法(如 DES、3DES 等)、散列算法（如 MD5、SHA-1 等）、认证方法和 SA 的生命周期等安全属性。IKE 第一阶段有两种模式：主模式和激进模式。

在主模式下，IKE SA 的建立需要在发起者和响应者之间交换 6 条消息。

（1）第 1、2 条消息用于协商安全联盟特性，以明文方式传输，不进行身份认证。

（2）第 3、4 条消息用于交换随机数和 Diffie-Hellman 的公开值，它们也以明文方式传输。

（3）第 5、6 条消息用于交换通信双方相互认证所需要的信息，其内容由前 4 条消息建立的加密算法和密钥来保护。

经上述 6 条消息的交换后，发起者和响应者就分别建立了各自的 IKE SA，并在各自的 IKE SA 数据库中增加一条记录。

3. IPSec SA 的建立

IPSec SA 的建立阶段在已经建立的 IKE SA 保护下进行，通信双方协商拟定 IPSec 的各项特征，包括 IPSec 协议类型（如 AH、ESP）、加密算法（如 DES、3DES）、散列算法（如 MD5、SHA-1）、加密模式和安全联盟生存周期等，并为它们生成密钥。

在 IPSec SA 的建立阶段，通过使用来自 IKE SA 的 SKEYID_a 作为认证密钥，对快速交换模式的整个消息进行验证，该验证除了提供数据完整性保护服务外，还提供数据源身份认证服务；通过使用来自 IKE SA 的 SKEYID_e 对交换的消息进行加密，以保证消息的机密性。

IPSec SA 的建立共交换 3 条消息。

（1）第 1 条消息用于发起者向响应者提交认证信息。

（2）第 2 条消息是响应者对第一条消息的响应。

（3）第 3 条消息用于发起者向响应者证明自己的活性。

3.3　IPSec VPN 系统

3.3.1　IPSec VPN 概述

IPSec 协议族由 ESP 协议、AH 协议和 IKE 协议组成。

AH 协议提供验证和可选的防重放保护两种安全服务。若要提供 AH 保护，需要在原始内容前添加额外的载荷——AH 头。AH 头的格式比较简单，较适合在加密服务受限的场合提供快速安全服务。

与 AH 协议相比，ESP 协议功能更为强大，提供加密服务、验证服务、抗重放保护服务和有限的流量保密服务。采用 ESP 协议保护的数据需要添加更多的载荷，如 ESP 头、ESP 尾。

AH 协议和 ESP 协议提供的安全服务依靠 IKE 协议产生、更新会话密钥。基于公私钥密码系统，IKE 协议实际上是 IPSec 协议族中的信令协议，提供了自动化的安全密钥协商手段。

IPSec 的作用实际上体现为对数据包的处理。按照处理流程的不同,IPSec 对数据包的处理分为发送数据包的处理和接收数据包的处理。对发送数据包采用 IPSec 处理的目的是添加对数据包的保护;处理接收数据包时则采用相反流程,去除数据包中的 IPSec 载荷。

由于 IPSec 实施在 IP 层,具有对应用完全透明的优点,所以很适合构建 IPSec VPN。基于采用 IPSec 组建 VPN 大致有 3 种模式:基本模式、嵌套模式和链式模式。3 种模式各有特点:基本模式是基础;嵌套模式提供多级安全保护;链式模式采用集中控制方式,强化对隧道的管理。IPSec VPN 还可在远程拨号接入环境下对数据传输安全提供保护。

3.3.2　IPSec VPN 的基本模式

IPSec 保护的对象是 IP 数据包本身,因此 IPSec 安全保护可连续或嵌套使用,并且支持轴辐(hub-and-spoken)模式。

支持安全拨号接入的 IPSec VPN 实例如图 3-16 所示。在 3 个安全网关 gw_a、gw_b、gw_c 上安装 IPSec 的某种实现,安全网关同时具备将内部网络接入公共网络(Internet)的功能。通过将位于不同安全网关之后的多个子网间的数据通信置于各网关提供的 IPSec 保护之下,可以构建一个虚拟专用网。VPN 一般假设网关与公共网络的连接是不安全的,与内部网络/主机间的连接是安全的。子网 2 和子网 3 之间的数据流到达各自的网关设备后,通过隧道在公共网络中安全地传输。在隧道终点——远方安全网关,控制数据被剥离,原始的数据通过网关后的内部网络抵达最终目的地。如果安全网关为受保护的对象提供加密服务,则隧道中的数据是加密的,没有会话密钥的任何公共网络上的任何中间设备均无法获知传输内容。若提供验证服务,则对 IP 数据包的任何篡改都会因为无法通过接收端对数据的完整性检查而被接收端发现。利用单调递增的序列号,还可以检测重播的数据包,在一定程度上可抵御拒绝服务(Denial of Service,DoS)攻击。

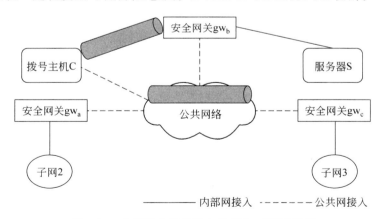

图 3-16　支持安全拨号接入的 IPSec VPN 实例

隧道正常工作的前提是:内部子网在设置路由时将默认网关指向本地安全网关,在子网 2 和子网 3 中,默认网关分别被设为安全网关 gw_a、gw_c。

在图 3-16 所示的实例中,拨号主机 C 也可以安全远程接入安全网关 gw_b 后的服务器

S,即支持漫游接入。这里的拨号主机必须是实现 IPSec 的主机,通过拨号等方式接入公共网络。当需要访问服务器 S 上的资源时,拨号主机 C 与安全网关 gw_b 先协商建立隧道,然后对服务器 S 的访问在协商好的 SA 的保护下进行。与一般的端对端的 IPSec 应用不同,安全网关 gw_b 代表服务器 S 对来自拨号主机 C 的数据包进行 SA 处理,而在拨号主机端,C 负责本地发送数据包和接收数据包的 IPSec 处理。

在 VPN 和漫游接入这两种应用中,一般需要创建隧道模式的 SA。根据需求的不同,可使用 SA 的不同组合;若只需要验证保护,则可使用 AH SA 或只提供验证服务的 ESP SA;若还需要加密保护,可联合应用只提供机密服务的 ESP SA 和 AH SA 或应用同时提供加密和验证两种服务的 ESP SA。

3.3.3 IPSec VPN 的嵌套模式

在图 3-16 的示例中,IPSec 协议提供的安全保护范围只限于公共网络。在某些情况下,可能还需要对内部网络的保护,这样引入了多级网络安全保护的概念。图 3-16 中,若拨号主机 C 访问的服务器 S 在内部网络中属于某些关键部门,则通过隧道终点——网关 gw_b 后,访问数据包以明文形式在内部网络中传输,也面临严重的安全威胁——机密信息泄露。

IPSec 提出的嵌套隧道(iterated tunneling)技术可很好地解决这个问题。嵌套隧道是指同时应用多级安全协议,这些协议通过 IP 隧道技术联系在一起而生效。根据两条隧道端点之间的关系,典型的嵌套隧道可分为 3 种:两条隧道的两个端点完全一致;两条隧道有一个共同的端点;两个隧道的端点完全不同。每条隧道可使用不同的安全协议(AH 或 ESP)、不同的加密算法/验证算法。

应用嵌套隧道技术可以构建嵌套 VPN。以图 3-16 中的网络为例,如果在服务器 S 前放置一台安全网关 $gw_{b'}$,则可保证在内部网络中拨号主机 C 对服务器 S 的安全访问。拨号主机 C 在访问服务器 S 之前需要建立两条隧道:隧道 1 作用于拨号主机 C 和 $gw_{b'}$ 之间的传输路径;隧道 2 跨过安全网关 $gw_{b'}$,将对数据的保护扩展到 gw_c。拨号主机 C 选用这两条隧道保护的先后顺序不能颠倒:隧道 2 在前,隧道 1 在后。与之类似,子网 2 和子网 3 中的主机间通信若需要端对端安全保护,也可利用嵌套隧道技术,在需要跨网通信的主机上安装 IPSec 模块。在通信之前,首先建立两台主机间的隧道,然后在两台主机各自的安全网关上分别建立另一条隧道。这两条隧道联合作用,为主机间的数据流提供灵活的多级安全保护。

3.3.4 IPSec VPN 的链式模式

基于 IPSec 构建的 VPN 还可以采用轴辐模式,与链路级保护类似,这种模式下隧道的建立是在中心安全网关的控制下进行的。除中心安全网关之外,其他任意两个安全网关之间都不能直接建立隧道,必须分别与中心安全网关单独建立一条隧道,再由这两条隧道搭建成目的隧道。

轴辐模式 VPN 的应用示例如图 3-17 所示。如果要通过安全网关 gw_a、gw_c 为子网 2 和子网 3 建立隧道,必须采取如下步骤:在安全网关 gw_a 和 gw_b(中心控制网关)之间建立隧道 1；在 gw_c 和 gw_b 之间建立隧道 2。在中心安全网关 gw_b 的控制下，gw_a、gw_c 利用隧道 1 和隧道 2 来保护子网 2 和子网 3 间的数据通信。

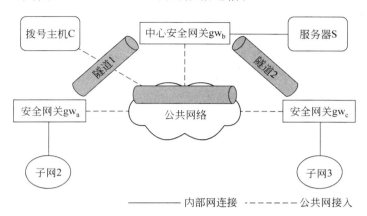

图 3-17　轴辐模式 VPN 的应用示例

如果子网 2 中某台主机想访问子网 3 中的服务器，则访问数据在经过安全网关 gw_a 时，被封装在隧道 1 中送往中心安全网关 gw_b；gw_b 对其进行解密、验证后将原始请求包从隧道 1 中剥离，因为请求包的目的地位于安全网关 gw_c 后的子网 3 中，gw_b 利用隧道 2 将请求包再一次封装，送往 gw_c；在隧道 2 的终点，封装的数据被验证、解密，然后从隧道 2 中剥离，原始的请求包最终被安全网关 gw_c 送往目的地。对访问请求的响应包的传输路径正好相反。

在轴辐模式下，拨号主机对 VPN 内子网的访问也需通过中心安全网关进行。即拨号主机先与中心安全网关建立一条隧道，然后中心安全网关与访问目标处的安全网关建立另一条隧道，这样，远程接入就受到这两条隧道的保护。

与一般 VPN 相比，轴辐模式系统性能欠佳，这是因为同一个数据包被多次加密、解密，在繁忙的公共网络上的延迟时间可能很长。其优点在于易于管理，便于大规模部署。中心安全网关是整个 VPN 系统的核心，可为不同的链接定制灵活的安全策略并分发。新增的 IPSec 设备对其他安全网关的影响很小，新增的设备只需与中心网关建立隧道，利用这条隧道形成与其他所有安全网关间的隧道。

3.4　IPSec VPN 的应用

IPSec VPN 是 IPSec 的一种应用方式，其目的是为 IP 远程通信提供高安全性特性。IPSec VPN 的应用场景分为以下 3 种。

（1）点对点。例如，企业的多个机构分布在互联网的多个不同的地方，各使用一个应用层网关相互建立 VPN 隧道，企业各分机构内网用户之间的数据通过这些网关建立的 VPN 隧道实现安全传输。

（2）端对端。两个位于不同网络的 PC 之间的通信由两个 PC 之间的 IPSec 会话保护,而不是由网关之间的 IPSec 会话保护。这种 IPSec VPN 是通过一些 IPSec VPN 客户端软件(如 Windows、Linux 桌面操作系统中自带的 IPSec VPN 客户端功能模块)来完成的。

(3)端对点。两个位于不同网络的 PC 之间的通信由网关和异地 PC 之间的 IPSec 会话进行保护。IPSec VPN 客户端同样可利用 Windows、Linux 桌面操作系统中自带的 IPSec VPN 客户端功能模块来完成。

3.5　思考题

1. 简述 IPSec 在对数据进行封装时的工作模式。
2. 简述 AH 协议和 ESP 协议的数据包结构。
3. 在传输模式下,AH 协议与 ESP 协议分别对数据包进行了怎样的处理?
4. 在隧道模式下,AH 协议与 ESP 协议分别对数据包进行了怎样的处理?
5. AH 协议与 ESP 协议有哪些相同点和不同点?
6. 安全联盟的英文缩写是什么? 在 IPSec 中它有什么作用?
7. 基于 IPSec 协议族组建 VPN 有几种模式? 分别简述这几种模式的原理。

第 4 章

SSL VPN

SSL VPN 是以 HTTPS 为基础的 VPN 技术,它利用 SSL 协议提供的基于证书的身份认证、数据加密和消息完整性验证机制,为用户远程访问企业内部网络提供安全保证。SSL VPN 是一种低成本、高安全性、简便易用的远程访问 VPN 解决方案,具有相当大的发展潜力。本章将对 SSL VPN 的原理、实现过程以及应用进行详细讲解,通过本章的学习,应了解 SSL 协议,掌握 SSL VPN 技术的原理及实现。

4.1　SSL VPN 概述

4.1.1　SSL 协议

SSL 协议可为基于公共网络(如 Internet)的通信提供安全保障。例如 SSL VPN 使用的就是 SSL 协议。SSL 可使客户端与服务器之间的通信不被攻击者窃听,并且远程客户端可以通过数字证书始终对服务器(SSL VPN 网关)进行认证,还可选择对客户端进行认证。目前,SSL 协议广泛应用于电子商务、网上银行等领域。

SSL 协议具有以下优点:

(1) 提供较高的安全性保证。SSL 利用数字证书以及其中的 RSA 密钥对提供数据加密、身份认证和消息完整性验证机制,为基于 TCP 的可靠连接的应用层协议提供安全性保证。

(2) 支持各种应用层协议。虽然 SSL 设计的初衷是为了解决 Internet 安全性问题,但是由于 SSL 位于应用层和传输层之间,所以可为任何基于 TCP 的可靠连接的应用层协议提供安全性保证。

(3) 部署简单。基于 SSL 的应用是最普通的浏览器/服务器(Browser/Server,B/S)架构,用户只需要使用支持 SSL 协议的浏览器(现在已普遍支持),即可通过 SSL 以 Web 的方式安全访问外部的 Web 资源,例如 SSL VPN 就是其中一种典型的应用。在用户端可以不用进行任何客户端配置,大大简化了用户端的配置。目前 SSL 已经成为网络中用来认证网站和网页浏览者身份以及在浏览器和 Web 服务器之间进行加密通信的全球化标准。

SSL 从以下几方面提高了设备的安全性:

(1) 通过在 SSL 服务器端配置 AAA 认证方案,可确保仅合法客户端可以安全地访问服务器,禁止非法的客户端访问服务器。

（2）通过在 SSL 服务器端申请本地证书,在客户端导入服务器的本地证书,可确保客户端所访问的服务器是合法的,而不会被重定向到非法的服务器上。

（3）客户端与服务器之间交互的数据通过使用服务器端本地证书中所带的 RSA 密钥进行加密或数字签名,加密可保证传输的安全性,数字签名可保证数据的完整性,从而实现对设备的安全管理。

4.1.2　SSL VPN 的产生背景

随着互联网的普及和电子商务的飞速发展,越来越多的员工、客户和合作伙伴希望能够随时随地接入企业的内部网络,访问企业的内部资源。接入用户的身份可能不合法,远端接入主机可能不够安全,这些都为企业内部网络带来了安全隐患。

通过加密实现安全接入的 VPN 技术提供了一种安全机制,保护企业的内部网络不被攻击,内部资源不被窃取。VPN 技术主要包括 IPSec VPN 和 SSL VPN。

由于 IPSec VPN 实现方式上的局限性,导致其存在着一些不足:

（1）部署 IPSec VPN 时,需要在用户主机上安装复杂的客户端软件。而远程用户的移动性要求 VPN 可以快速部署客户端,并动态建立连接;远程终端的多样性还要求 VPN 的客户端具有跨平台、易于升级和维护等特点。这些问题是 IPSec VPN 技术难以解决的。

（2）无法检查用户主机的安全性。如果用户通过不安全的主机访问企业内部网络,可能导致企业内部网络感染病毒。

（3）访问控制不够细致。由于 IPSec 是在网络层实现的,对 IP 数据包的内容无法识别,因而不能控制高层应用的访问请求。随着企业经营模式的改变,企业需要建立外联网,与合作伙伴共享某些信息资源,以便提高企业的运作效率。对合作伙伴的访问必须进行严格、有效的控制,才能保证企业信息系统的安全,而 IPSec VPN 无法实现访问权限的控制。

（4）在复杂的组网环境中,IPSec VPN 部署比较困难。在使用 NAT 的场合,IPSec VPN 需要支持 NAT 穿越技术;在部署防火墙的网络环境中,由于 IPSec 协议在原 TCP/UDP 头的前面增加了 IPSec 协议头,因此,需要对防火墙进行特殊的配置,允许 IPSec 数据包通过。

IPSec VPN 比较适合固定连接、对访问控制要求不高的场合,无法满足用户随时随地以多种方式接入网络、对用户访问权限进行严格限制的需求。

SSL VPN 技术克服了 IPSec VPN 技术的缺点,以其跨平台、免安装、免维护的客户端和丰富有效的权限管理等优势成为远程接入市场上的新兴热门技术。SSL VPN 为远程访问解决方案而设计,并不提供点对点的连接。SSL VPN 主要提供基于 Web 的应用程序的安全访问。因为 SSL 使用 Web 浏览器,用户通常不需要在终端上安装任何特殊的客户端软件。

SSL VPN 操作在 OSI 参考模型的会话层。因为客户端是 Web 浏览器,默认情况下,只有支持 Web 浏览器的应用程序才会和 VPN 方案一起工作。因此,应用程序（如 Telnet、FTP、SMTP、POP3、多媒体、IP 电话、远程桌面控制等）不会和 SSL VPN 一起工作,因为它们不使用 Web 浏览器作为它们的前端用户接口。当然,许多厂商使用 Java 或者 ActiveX 来增强 SSL VPN,使其支持非 HTTP 的应用程序。而且,一些厂商使用 Java 或者 ActiveX 来提供其他 SSL VPN 组件,例如,在 SSL VPN 终止之后采用额外的安全功能来清除任何来自 PC 用户的跟踪活动。

　　SSL 协议位于传输层之上,用于保障在 Internet 上基于 Web 的通信安全,这使得 SSL VPN 可以穿透 NAT 设备和防火墙运行,用户只需要使用集成了 SSL 协议的 Web 浏览器就可以接入 VPN,实现随时随地地访问企业内部网络,且无须任何配置。与 IPSec VPN 相比,SSL VPN 工作在网络应用层,具有组网灵活性强、管理维护成本低、用户操作简便等优点,更加符合越来越多的移动式、分布式办公的需求。

4.2　SSL VPN 的实现技术

4.2.1　SSL VPN 的组成

SSL VPN 的典型组网架构如图 4-1 所示。

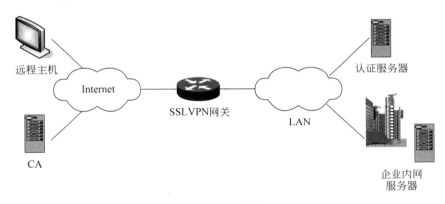

图 4-1　SSL VPN 的典型组网架构

SSL VPN 系统由以下几个部分组成。

　　(1) 远程主机:管理员和用户远程接入的终端设备,可以是个人计算机、手机、PDA 等。

　　(2) SSL VPN 网关:SSL VPN 系统中的重要组成部分。管理员在 SSL VPN 网关上维护用户和企业内网资源的信息,用户通过 SSL VPN 网关查看可以访问的资源。SSL VPN 网关负责在远程主机和企业内网服务器之间转发报文。SSL VPN 网关与远程主机之间建立 SSL 连接,以保证数据传输的安全性。

　　(3) 企业内网的服务器:可以是任意类型的服务器,如 Web 服务器、FTP 服务器,也可以是企业内网需要与远程接入用户通信的主机。

　　(4) CA:为 SSL VPN 网关颁发包含公钥信息的数字证书,以便远程主机验证 SSL VPN 网关的身份,在远程主机和 SSL VPN 网关之间建立 SSL 连接。

（5）认证服务器：SSL VPN 网关不仅支持本地认证，还支持通过外部认证服务器对用户的身份进行远程认证。

4.2.2　SSL VPN 关键技术

目前，实现基于 SSL 的 VPN 的关键技术有使用者与设备身份认证技术、SSL VPN 隧道以及加解密技术、内容重写和应用翻译技术、精细可伸缩的访问控制技术和终端数据安全技术。

1. 使用者与设备身份认证技术

基于 SSL 的 VPN 支持用户名密码的验证、数字证书（并支持第三方的 PKI 体系，能与 CA 中心集成）、USB Key 的认证、动态短信发送密钥等身份认证方式，可以根据需要对 SSL VPN 认证方式进行设置。例如，可以利用 SSL VPN 的用户认证重定向功能，与第三方认证有效集成。可以从微软公司域服务器的活动目录或 LDAP 服务器中直接导入用户数据，并和第三方的 LDAP 认证服务器或 RADIUS 认证服务器有效集成。这样，一个企业就可以保持一套认证体系，简化部署过程，避免多套认证体系带来的更多的维护成本和安全风险，同时具备功能完善的本地用户数据库。SSL VPN 自身可内置一个 CA 中心，以减少中小企业构建 CA 安全认证体系的成本。通过该 CA 中心，管理员可以给每个远程接入用户颁发证书，用来认证每个接入用户的身份。

传统的身份认证方式具有弱口令泛滥、应用性差、易被窃听等缺陷，因此产生了双因子认证技术。双因子认证是指利用密码以及实物两种条件对用户身份进行认证。为满足便捷性的需求，现多采用一次性口令作为与传统密码认证结合的认证手段。典型代表之一便是 ID 认证技术，ID 认证技术在使用传统用户名、密码进行登录的同时，通过身份令牌服务平台向 PC 端推送二维码或向移动端推送动态口令，通过双重认证完成登录，提高安全性。

SSL VPN 采取了新一代身份认证技术，主要是 ID 认证技术。ID 认证与传统身份认证有很大不同，应用性与安全性结合度最高。ID 认证有软 Token 认证和扫码登录认证两种方式。

软 Token 的认证的优点如下：

（1）以独立的软件 APP 形式存在，不必携带硬件 Token，易携带，成本低。

（2）对硬件特征码进行绑定，做到手机即身份。

（3）接入 ID 前要对手机进行 root 状态检查、病毒扫描、指纹/手势认证。

（4）动态码采用国密算法，减少被劫持和被破译的风险。

扫码登录认证的优点如下：

（1）扫描二维码进行登录，与微信登录方式一致，方便快捷，用户体验良好。

（2）在密码箱保存用户业务账号和密码，扫描业务系统自动登录。

（3）扫码代替短信认证、图形认证，减少短信劫持、验证码伪造风险。

（4）手机丢失后，管理员远程擦除终端数据，防止账号、密码泄露。

（5）和企业原有业务系统的对接可根据用户需求进行（改造与否）。

ID 身份认证使用身份令牌服务平台来验证登录用户的身份。身份令牌服务平台的认证方式包括软 Token 认证和扫码登录认证，软 Token 认证过程如图 4-2 所示，扫码登录认证过程如图 4-3 所示。

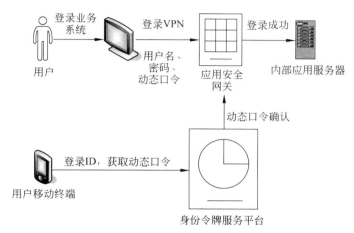

图 4-2 软 Token 认证过程

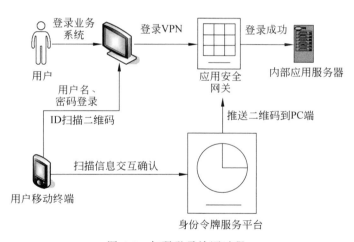

图 4-3 扫码登录认证过程

2. SSL VPN 隧道以及加解密技术

客户端通过标准浏览器的 SSL 与 SSL VPN 网关连接，通过身份认证，并建立一条安全的数据通信隧道。SSL VPN 隧道的建立过程如图 4-4 所示。

加密技术是确保数据在传输中不被泄露的必要手段。在客户端与 SSL VPN 网关之间建立 SSL 隧道后，客户端与 SSL VPN 间的数据都是通过此加密隧道进行传输的。SSL VPN 采用标准的安全套接层（SSL）协议对传输中的数据包进行加密。SSL 协议则是浏览器自带的，主要是使用公开密钥体制和 X.509 数字证书技术保护信息传输的机密

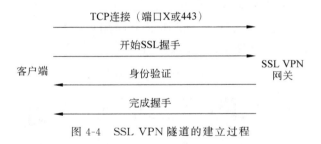

图 4-4　SSL VPN 隧道的建立过程

性和完整性。当前加密强度一般为 128 位,从应用的角度来说,完全能够满足数据传输层的安全需求。所有的 SSL VPN 产品在这一点上是相同的。

3. 内容重写和应用翻译技术

SSL VPN 网关是整个 SSL VPN 应用系统中关键的一环。客户端的请求及数据通过 SSL 隧道传到 SSL VPN 网关,在 SSL VPN 网关处进行分析处理,对其中的一些内容进行重写、修改、转换,然后重新连接到企业网内部服务器,并从企业网内部服务器上获取相关的资源和应用,如获取文件服务器上的文档、Web 服务器上的 HTML 页面、Email 服务器上的信件等。客户端与企业网内部服务器间的信息流动如图 4-5 所示。

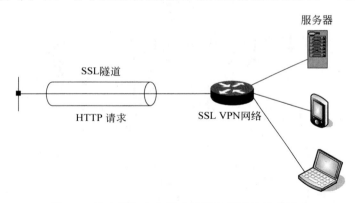

图 4-5　客户端与企业网内部服务器间的信息流动

SSL VPN 网关对经过它的数据流都会进行分析处理,并对其中的一些内容进行修改和转换。例如,HTML 数据流有一个需要处理的很重要的信息,就是 process-tag,要使这个 HTML 文档在 SSL VPN 网关上有效,内部的 URL 必须转换成对外部访问有效的 URL,例如,图形 tag 中的 src 属性、链接 a 中的 href 属性等都需要被转换。SSL VPN 网关还可利用动态的代码插入技术来转换 JavaScript。[]通过内容重写转换,可以将内部的函数转换成外部可以访问的资源。另外,还可以在数据流中增加一些原始页面本来没有的功能,例如增加一个新的脚本来生成一个浏览工具栏,让用户方便地重新回到 SSL VPN 网关的外网主页,以便访问其他内网资源。

4. 精细可伸缩的访问控制技术

SSL VPN 是基于应用层的 VPN,只有开放了的应用才允许使用,并且给接入的用户有限的访问权限。因此,从安全性角度来分析,SSL VPN 能够很好地满足移动用户的接入安全需求。很多企业用户采纳 SSL VPN 作为远程安全接入技术,主要原因在于它的接入控制功能。

SSL VPN 可实现基于用户的细粒度的访问控制,实现对信息资源最大限度的保护。它对每个用户的访问控制粒度精确到了 URL 级别。根据企业构架,对用户实行分组管理,对授权粒度实行按角色管理,可以为每个用户或每个组分配一个或多个角色。例如,为某用户分配经理和财务的双重角色,他就既能访问经理的文档数据又能使用财务系统。这种特色角色的权限分配体系能满足各种现实世界中的权限设置要求。同时 SSL VPN 可以通过行为跟踪引擎对每个远程接入用户的所有访问都留下日志记录。

5. 终端数据安全技术

SSL VPN 解决方案必须包含可靠的终端数据安全技术与方法,以便在 SSL VPN 用户进程结束之后彻底删除历史文件、临时文件、高速缓存、Cookie、电子邮件附件、自动填写的密码及其他下载数据。开放和保护必须达到平衡,才能既发挥 SSL VPN 的灵活性,又不会降低企业资源的保密性。

为保证在客户端访问的数据可以传给被认证的授权用户,但同时又不引入新的风险,客户端采用的数据安全技术主要有以下几种:利用 Cookie Trapper 技术,将所有的 Cookie 都保存在 SSL VPN 网关服务器上,只是把一个单独的会话令牌传送给客户端的浏览器,所有基于 Cookie 的会话信息、信任状和其他后续应用数据都不会离开本地网络。所有 HTTP 头都含有 no-cache 的配置,保证内容不会在本地的浏览器中保存。所有 FORM 区域都被 SSL VPN 网关内容重写,加上 autocomplete＝"no"的属性,保证用户名、密码等敏感信息不会在客户端的本地缓存中保存。当客户端的浏览器关闭或者用户注销后,会话令牌会马上过期。

4.2.3　SSL VPN 接入方式

SSL VPN 支持 4 种接入方式:Web 接入方式、TCP 接入方式、IP 接入方式和单点登录方式。

通过不同的接入方式,用户可以访问不同类型的资源。在不同接入方式下,SSL VPN 网关在远端主机和企业网内服务器之间转发数据的过程也有所不同。下面分别对这 4 种接入方式进行介绍。

1. Web 接入方式

Web 接入方式是指用户使用浏览器以 HTTPS 方式、通过 SSL VPN 网关对服务器提供的资源进行访问,即一切数据的显示和操作都是通过 Web 页面进行的。

通过 Web 接入方式可以访问的资源有两种:Web 服务器和文件共享资源。

1) Web 服务器资源

Web 服务器以网页的形式为用户提供服务,用户可以通过点击网页中的超链接在不同的网页之间跳转,以浏览网页,获取信息。SSL VPN 为用户访问 Web 服务器提供了安全的连接,并且可以阻止非法用户访问受保护的 Web 服务器。

Web 资源访问过程如图 4-6 所示。在用户访问 Web 服务器的过程中,SSL VPN 网关主要充当中继的角色:

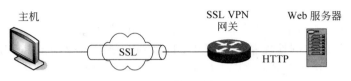

图 4-6　Web 资源访问过程

（1）SSL VPN 网关收到用户的 HTTP 请求消息后,将 HTTP 请求 URL 中的路径映射到资源,并将 HTTP 请求转发给被请求资源对应的真正的 Web 服务器。

（2）SSL VPN 网关收到 HTTP 回应消息后,将网页中的内网链接修改为指向 SSL VPN 网关的链接,使用户在访问这些内网链接对应的资源时都通过 SSL VPN 网关,从而保证安全,并实现访问控制。SSL VPN 网关将改写后的 HTTP 回应消息发送给用户。

在用户访问 Web 服务器的过程中,从用户的角度看,所有的 HTTP 应答都来自 SSL VPN 网关;从 Web 服务器的角度看,所有的 HTTP 请求都是 SSL VPN 网关发起的。

2）文件共享资源

文件共享是一种常用的网络应用,实现对远程网络服务器或者主机上的文件系统进行操作（如浏览文件夹、上传文件、下载文件等）的功能,如 Windows 操作系统的共享文件夹应用。

SSL VPN 网关将文件共享资源以 Web 方式提供给用户。文件共享资源访问过程如图 4-7 所示,SSL VPN 网关起到协议转换器的作用:

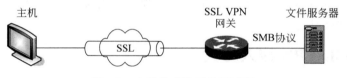

图 4-7　文件共享资源访问过程

（1）远程主机与 SSL VPN 网关之间通过 HTTPS 协议通信。远程主机将用户访问文件共享资源的请求通过 HTTPS 报文发送给 SSL VPN 网关。

（2）SSL VPN 网关与文件服务器通过 SMB（Server Message Block。服务器消息块）协议通信。SSL VPN 网关接收到请求后,将其转换为 SMB 协议报文,发送给文件服务器。

（3）文件服务器应答报文到达 SSL VPN 网关后,SSL VPN 网关将其转换为 HTTPS 报文,发送给远程主机。

2. TCP 接入方式

TCP 接入方式用于实现应用程序对服务器开放端口的安全访问。通过 TCP 接入方式,用户可以访问任意基于 TCP 的服务,包括远程访问服务（如 Telnet）、桌面共享服务、邮件服务等。

用户利用 TCP 接入方式访问内网服务器时,不需要对现有的 TCP 应用程序进行升级,只需安装专用的 TCP 接入客户端软件,由该软件使用 SSL 连接传送应用层数据。

TCP 接入方式工作流程如图 4-8 所示。用户利用 TCP 接入方式访问内网服务器的工作流程如下:

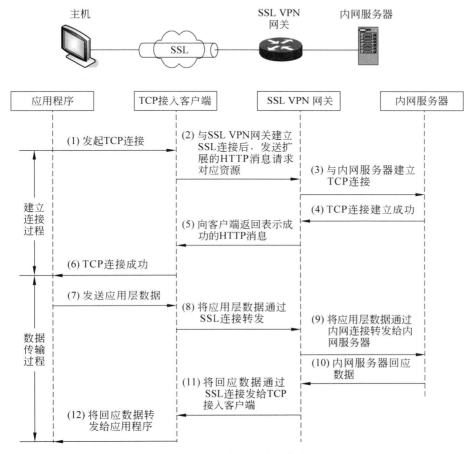

图 4-8　TCP 接入方式工作流程

（1）用户启动 TCP 应用后,远程主机自动从 SSL VPN 网关上下载 TCP 接入客户端软件。

（2）用户通过单击 SSL VPN 网关 Web 访问页面上的资源链接或开启 TCP 应用程序（例如,打开远程桌面连接程序,连接到远程的内网服务器）的方式访问 TCP 应用资源时,TCP 接入客户端软件就会与 SSL VPN 网关建立 SSL 连接,并使用扩展的 HTTP 消息请求访问该资源。

（3）SSL VPN 网关与该资源对应的内网服务器建立 TCP 连接。

（4）连接建立成功后,用户访问内网服务器的数据由 TCP 接入客户端通过 SSL 连接安全地发送给 SSL VPN 网关,SSL VPN 网关获取应用层数据,通过已经建立的 TCP 连接发送给内网服务器。

（5）SSL VPN 网关接收到内网服务器的应答后，通过 SSL 连接将其发送给远程主机的 TCP 接入客户端软件。TCP 接入客户端软件获取内网服务器的应答数据后，将其转发给应用程序。

3. IP 接入方式

IP 接入方式实现远程主机与服务器网络层之间的安全通信，进而实现所有基于 IP 的远程主机与服务器的互通，如在远程主机上 ping 内网服务器。

用户通过 IP 接入方式访问内网服务器前，需要安装专用的 IP 接入客户端软件，该客户端软件会在主机上安装一个虚拟网卡。

IP 接入方式工作流程如图 4-9 所示。

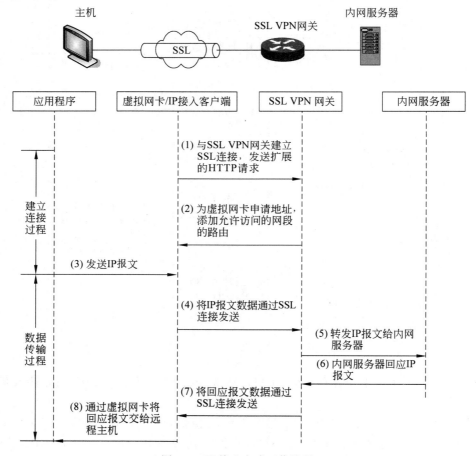

图 4-9　IP 接入方式工作流程

用户利用 IP 接入方式访问内网服务器的工作流程如下：

（1）用户启动 IP 应用时，远程主机自动从 SSL VPN 网关上下载 IP 接入客户端软件，该软件负责与 SSL VPN 网关建立 SSL 连接，为虚拟网卡申请地址，并设置网关地址和以虚拟网卡为出接口的路由。

（2）用户通过单击 SSL VPN 网关 Web 访问页面上的资源链接或执行 IP 访问命令（例如执行 ping 命令）的方式访问 IP 网络资源时,IP 报文根据路由发送到虚拟网卡,被客户端软件封装后,通过 SSL 连接发送到 SSL VPN 网关。

（3）SSL VPN 网关接收到数据后,将其还原成 IP 报文,发往对应的内网服务器。

（4）SSL VPN 网关接收到内网服务器的回应报文后,将回应报文封装后通过 SSL 连接发送到远程主机的 IP 接入客户端软件。

（5）IP 接入客户端软件将回应报文解封装后,通过虚拟网卡将回应报文交给远程主机处理。

4. 单点登录方式

单点登录是目前比较流行的企业业务整合解决方案之一。在多个应用系统中,使用基于 B/S 的单点登录方式,用户在访问 Web 页面时只需登录系统一次后,就可以无须认证地访问被授权的多种基于 B/S 和 C/S 的应用系统。单点登录为具有多账号的用户提供了方便快捷的访问途径,使用户无须记忆多种登录用户名和密码,为用户提供统一的信息资源认证访问平台,建立统一的、基于角色的和个性化的信息访问、集成平台,提高工作效率。同时,由于系统自身采用的强认证系统,因此用户认证环节的安全性也得到了保障。

单点登录系统从根本上不再使用基于用户名和密码的身份认证机制,而是采用结合了密码学技术的新的身份认证机制。单点登录系统把原来分散的用户管理集中起来,各个系统之间依靠相互信赖的关系进行用户身份的自动认证。用户的账号信息被集中保存和管理,管理员只需要在统一的用户信息数据库中添加、删除用户账号,不必在多个系统中分别设置用户信息数据库。

使用单点登录方式接入 SSL VPN 时,设备将用户身份信息同时提供给 SSL VPN 接入系统。通过配置,SSL VPN 接入设备指向单点登录的用户数据库,直接从中获取用户的身份信息,通过认证。在 VPN 上无须重复建立一套用户数据库,系统管理员只需维护单点登录系统上的用户数据库,即可实现外网接入的统一用户管理和统一身份认证。

4.2.4　SSL 客户及其安全

目前,有以下 3 种常见的 SSL 客户实施类型。

1. 无客户

在无客户模式下,只需要在用户端安装 Web 浏览器,而无须载入任何 Java 程序或其他客户端。在无客户模式下,VPN 只保护 Web 流量,因此,在该模式下,任何非 Web 流量都无法通过 SSL VPN 进行传输。SSL VPN 的实施过程如图 4-10 所示。

2. 瘦客户

一个瘦（thin）客户通常通过 SSL VPN 将 Java 或者 ActiveX 软件下载到用户的桌面上。它允许非 Web 应用程序的一个小的子集通过 SSL VPN 进行传输,以提供基于 TCP 的访问服务,如 SSH、POP、SMTP 和 Telnet 等。通过 SSL VPN 传输非 Web 应用程序的过程有时被称为端口转发。

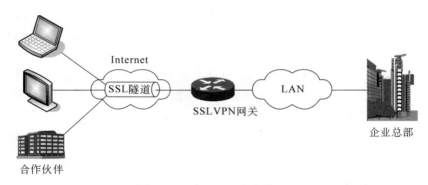

图 4-10   SSL VPN 的实施过程

3. 网络客户

网络客户模式需要下载一个 IP 客户端,这通常是当用户建立初始的 SSL VPN 的时候动态下载到用户桌面上的,该软件负责与 SSL VPN 网关建立 SSL 连接,对本机与远程网络之间传送的 IP 报文进行加密和解密。使用基于网络的访问,许多网络层的流量都可以被 SSL VPN 保护,这类似于其他网络层的 VPN 实施的做法。

在以上 3 种客户实施类型中,使用无客户的和瘦客户的 VPN 容易受到攻击,这是由于并不是所有到达客户的或者从客户发出的流量都是被保护的,只有隧道流量可以被保护。非法用户可以通过攻击一个用户的桌面来建立能够访问企业内部网的安全连接。因此,在使用一个无客户或者瘦客户的 SSL VPN 的实施时,必须要求所有 SSL 客户均至少安装个人防火墙。

4.3   SSL VPN 的应用

SSL VPN 的应用主要分单虚拟网关和多虚拟网关两种场景。

1. 单虚拟网关远程接入

单虚拟网关指的是在 SSL VPN 应用中,所有用户都使用相同的网关配置对远程企业总部网络进行访问。单虚拟网关远程接入 SSL VPN 应用实例如图 4-11 所示,企业通过 SSL VPN 网关与 Internet 连接,位于外网的企业出差员工和分支机构员工需要安全访问企业内网资源。这些远程用户可使用终端在任何时间、任何地点通过浏览器接入企业内部网络,而且可以访问相同的资源。

2. 多虚拟网关远程接入

多虚拟网关远程接入 SSL VPN 应用实例如图 4-12 所示,企业通过 SSL VPN 网关设备与 Internet 连接,位于外网的出差员工、客户和合作伙伴都需要安全访问企业的内网资源。此时,可在网关设备上配置 SSL VPN 多虚拟网关功能,将一台设备模拟为多个虚拟网关设备,满足不同类型远程用户的不同类型的访问需求。这时,不同类型的远程用户只能访问对应虚拟网关的资源,并且在管理和使用上不受其他虚拟网关的配置影响。

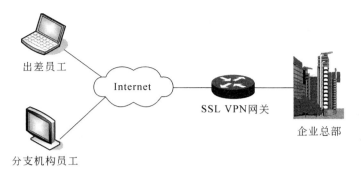

图 4-11　单虚拟网关远程接入 SSL VPN 应用实例

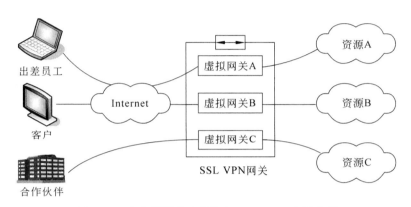

图 4-12　多虚拟网关远程接入 SSL VPN 应用实例

例如,在 SSL VPN 网关上创建虚拟网关 A、虚拟网关 B 和虚拟网关 C,然后将 3 个虚拟网关地址分别告知对应的远程用户,使远程用户通过浏览器访问各自能访问的内网资源。又如,在一栋大楼内,不同企业通过同一台网关设备与 Internet 连接,不同企业的远程用户分别根据不同的虚拟网关访问对应企业的内网资源。

4.4　SSL VPN 的发展

4.4.1　SSL VPN 的优势

SSL VPN 是以 HTTPS 为基础的 VPN 技术,它利用 SSL 协议提供的基于证书的身份认证、数据加密和消息完整性验证机制,为用户远程访问公司内部网络提供了安全保证。SSL VPN 具有如下优点:

(1) 支持各种应用协议。SSL 位于传输层和应用层之间,任何一个应用程序都可以直接享受 SSL VPN 提供的安全性而不必理会具体细节。

(2) 支持多种软件平台。目前 SSL 已经成为网络中用来鉴别网站和网页浏览者身份,在浏览器使用者及 Web 服务器之间进行加密通信的全球化标准。SSL 协议已被集成到大部分的浏览器中,如 IE、Netscape、Firefox 等。这就意味着几乎任意一台装有浏览器的计算机都支持 SSL 连接。SSL VPN 的客户端基于 SSL 协议,绝大多数的软件运行环境都可以作为 SSLVPN 客户端。

(3) 支持自动安装和卸载客户端软件。在某些需要安装额外的客户端软件的应用中,SSL VPN 提供了自动下载并安装客户端软件的功能。退出 SSL VPN 时,还可以自动卸载并删除客户端软件,极大地方便了用户的使用。

(4) 支持对客户端主机进行安全检查。SSL VPN 可以对远程主机的安全状态进行评估,可以判断远程主机是否安全以及安全程度的高低。

(5) 支持动态授权。传统的权限控制主要是根据用户的身份进行授权,同一身份的用户在不同的地点登录,具有相同的权限,称之为静态授权。而动态授权是指在静态授权的基础上,结合用户登录时远程主机的安全状态,对所授权限进行动态调整。当发现远程主机不够安全时,开放较小的访问权限;在远程主机安全性较高时,则开放较大的访问权限。

(6) SSL VPN 网关支持多种用户认证方式和细粒度的资源访问控制,实现了外网用户对内网资源的受控访问。

(7) SSL VPN 的部署不会影响现有的网络。SSL 协议工作在传输层之上,不会改变 IP 报文头和 TCP 报文头,因此,SSL 报文对 NAT 来说是透明的。SSL 固定采用 443 号端口,只需在防火墙上打开该端口,不需要根据不同应用层协议修改防火墙上的设置,这样不仅减少了网络管理员的工作量,还可以提高网络的安全性。

(8) 支持多个域相互独立的资源访问控制。为了使多个企业或一个企业的多个部门共用一个 SSL VPN 网关,减少 SSL VPN 网络部署的开销,在 SSL VPN 网关上可以创建多个域,企业或部门在各自域内独立地管理自己的资源和用户。通过创建多个域,可以将一个实际的 SSL VPN 网关划分为多个虚拟的 SSL VPN 网关。

4.4.2　SSL VPN 的发展前景

在 SSL VPN 出现后,原来基于 IP 安全的 IPSec VPN 厂商不得不重新思考产品方案。当时,IPSec VPN 已经占领了很大一部分市场,成为 VPN 市场的主流。但是,随着 SSL VPN 技术的出现,基于 IP 协议的 IPSec VPN 开始经受前所未有的考验。

虽然 SSL VPN 有许多相对于 IPSec VPN 的优点,但是对于大中型企业主流应用 VPN 的客户来说,这些优点显得不是很重要。

有关网络安全专家认为,就目前而言,SSL VPN 技术无法完全替代 IPSec VPN。主要原因是目前的 SSL VPN 应用非常有限,仅适用于基于 Web 的应用。SSL VPN 的支持者认为,当企业工作人员需要远程访问 Web 应用,如电子邮件或者接入企业内网时,因为 SSL VPN 可以绕过防火墙和代理服务器,才会应用这种技术,SSL VPN 只不过是一种更低廉而且更容易部署的选择而已。而且,传统的 IPSec VPN 厂商为了满足这部分用户的需求,纷纷为其产品增加 SSL 性能,这样,单独提供 SSL 性能的 VPN 产品就可能会大受冷落了。

市场研究专家预计,在今后几年中,SSL VPN 设备的全球销售将会出现持续增长。

但同时 IPSec VPN 设备不会因 SSL VPN 设备的增长而受到大的影响,反而也会快速增长,这是因为整个 VPN 市场将在近几年得到极快的增长。

随着基于 Web 的应用越来越多,以及远程接入需求的增长,SSL VPN 可能会成为一个热门市场,成为传统 IPSec VPN 设备厂商需要考虑的一个发展方向。有些企业需要同时拥有 SSL VPN 和 IPSec VPN。它们要为部分员工提供 IPSec VPN 连接(如采用 Cisco 公司的 VPN 设备),因为他们需要访问企业的生产系统和其他非 Web 应用;但同时,这些企业也要为大多数员工提供 SSL VPN(如使用 Whale 的 e-Gap 远程接入产品)的远程接入,可供员工接入 Intranet 和使用电子邮箱。

从以上分析可以看到 SSL VPN 在未来几年中的发展前景。也有很多专家认为,目前处于竞争状态的 IPSec VPN 与 SSL VPN 将很快走向结合,这是因为它们都有各自的优点,同时各自的缺点又不能通过自身的技术改进加以克服。

4.5　思考题

1. 简述 SSL VPN 的组成。
2. SSL VPN 有哪几种接入方式? 它们各有什么特点?
3. SSL VPN 关键技术有哪些? 分别简述这些技术。
4. 简述 SSL VPN 建立隧道的过程。
5. SSL VPN 的优点有哪些?

第 5 章

典 型 案 例

VPN 利用加密管道在互联网内传播信息,使用本地数据线的架设和租借来满足世界范围内的数据传输要求。VPN 还可以实现远程的网络访问服务,这种服务相对于以往的跨地域网络访问服务具有较高的性价比。VPN 在资源利用率、安全性、扩展性方面具有较好的表现,近年来得到广泛应用。本章主要针对 VPN 的应用场景给出应用案例,通过本章的学习,应了解 VPN 的实际应用环境与解决方案。

5.1 企业安全邮件办公解决方案

5.1.1 需求分析

1. 应用背景

邮件系统是现代企业内外信息交流的必备工具之一。随着互联网的迅速普及以及企业自身信息化建设的进展,大型企业对邮件系统提出了更高的要求。并且在不同行业领域中,邮件系统也呈现了不同的行业需求。

在大型企业中,由于人员众多,层级复杂,分支机构庞大,业务分部地域广,从而要求邮件系统必须有助于提升企业的信息共享和办公效率,安全稳定,并且应用丰富,与现有协同办公系统集成,同时满足随时随地移动办公的需求。

政府部门为了实现组织结构和工作流程的重组优化,建立精简、高效、公平的政府运作模式,纷纷开展电子政务系统建设。在中国,电子政务建设已经成为今后一个时期信息化工作的重点。政府先行,将带动国民经济和社会发展信息化。而邮件系统作为电子政务的基础工具,正是利用信息技术实现高效办公、提升服务水平、实施信息化管理的关键环节。

2. 用户需求

用户需求主要体现为以下两方面。

1）企业办公安全性

企业内部很多重要的数据需要通过邮件系统传递和共享,但是邮件收发过程也是这些数据最易被攻击、窃取的关键过程。所以,提高邮件在传输、下载、外发等过程中的安全可靠性就显得十分重要。

越来越多的企业员工通过移动终端进行邮件收发,移动终端也就变成了安全隐患。

因为移动终端携带木马病毒,导致下载到本地的敏感数据被窃取,这种事件频频发生。在 BYOD(Bring Your Own Device,自带设备办公)的大趋势下,提升移动终端的安全性,对落地数据进行加密以防止泄露,显得尤为重要。

传统邮件都是通过公共网络传输的,即使经过加密处理,也因为密钥算法强度太低而易被攻破。将邮件系统与 SSL VPN 相结合,在传输中采用国密算法,可以大大提升破解难度,解决传输安全问题。

2) 企业办公易用性

员工在差旅中无法及时收发邮件,进行日程管理和会议安排。在移动办公环境下,需要通过移动终端连接 VPN 进行远程办公,以提升办公便捷性。

企业的 OA、财务、IM、ERP 等众多系统需要分别登录,十分烦琐,需要通过邮件系统实现横向整合。

此外,超大附件无法上传,经常造成网络拥堵。海外邮件经常发生丢信、退信现象。邮件系统容易宕机,严重影响公司日常业务沟通。这些问题都需要加以解决。

5.1.2　解决方案

本解决方案是针对目前的 BYOD 移动办公需求以及企业邮件办公安全需求,实现企业移动办公安全性、快速性、易用性、全面性,在保障移动办公人员高效访问办公业务的同时,可以提供更为安全可靠、用户体验更佳的一体化安全邮件解决方案。

安全邮件解决方案部署框架如图 5-1 所示。该方案将网络分为 4 个逻辑结构区域:用户端、接入端、DMZ 以及企业内网。其中,移动终端安装了移动终端安全管理系统客户端(同时支持 Android、iOS 系统),在该客户端中已经集成了 VPN SDK,用户无须手动建立 VPN 连接。

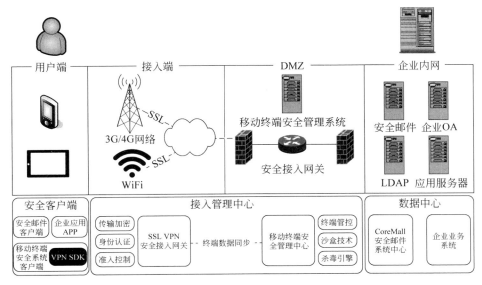

图 5-1　安全邮件解决方案部署框架

终端用户可通过直连、3G/4G 网络或者 WiFi 连接到 SSL VPN 安全接入网关,传输隧道都通过国密算法进行加密,以确保传输安全。SSL VPN 安全接入网关可单臂旁挂在核心交换机旁,不改变企业原有网络架构。移动终端安全管理系统管理平台与 SSL VPN 安全接入网关会实时进行终端违规、准入状态同步,从而联合对用户身份、终端扫描安全性、应用权限等进行准入控制。

数据中心部署安全邮件服务器端、企业 OA、CRM 等业务系统。当用户通过身份认证和权限匹配后,可访问内网邮件、办公系统。

解决方案联动方式如图 5-2 所示。在安全客户端中,已经集成了 VPN SDK,并且已安装安全邮件客户端,客户端作为工作区的唯一入口。当用户完成认证,进入工作区时,SSL VPN 会在后台自动建立连接。工作区与 Android 系统桌面保持风格一致,以增强用户体验。

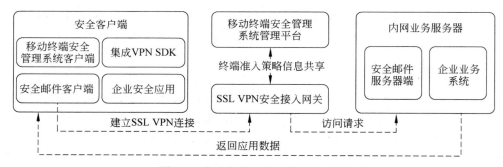

图 5-2　安全邮件解决方案联动方式

用户发起访问请求时,会先进行工作区认证,认证通过后,请求到达 SSL VPN 接入网关进行终端准入策略校验。SSL VPN 设备与移动终端安全管理系统管理平台部署在同一区域,终端准入策略信息可实时共享。当移动终端安全管理系统管理平台通过终端准入策略校验后,会告知 SSL VPN 设备,完成 SSL VPN 隧道的建立。随后,请求被发送到邮件服务器,最终将应用数据返回终端。

1）客户端数据安全

通过移动终端安全管理系统,可利用沙箱技术在终端上建立企业安全独立工作区,企业所有的数据只能在工作区中访问,企业内部应用也只能在工作区中运行,个人数据不能进入工作区,同时工作区的应用也不能调用个人数据,真正地实现公私数据隔离,确保企业数据的安全。

通过安全邮件客户端下载到本地的附件和数据都以加密(采用 AES256 或 SM4 算法)方式保存。这些附件和该数据与个人区隔离,即使外发到其他终端设备上也是加密状态,无法进行破解。

2）服务端数据安全

邮件系统支持邮件密级、附件密级和人员密级。邮件密级有 6 个级别,由高到低依次为机密、秘密、核心商密、普通商密、内部、公开。邮件密级有效地保护了企业邮件通信的安全。邮件加密包括 PKI 加密、CoreMail 加密、IBC 加密等方式。

邮件系统将企业所有进出邮件实时(定时)存储在归档服务器中,可对归档的邮件进行审计、监察、恢复、检索等管理操作,满足三员分立、资料防泄露、搜索法律证据、恢复历史邮件等多种功能需求。

邮件系统支持多重反垃圾邮件机制,通过反垃圾双引擎过滤、CAC(Coremail Anti-spam Center,反垃圾邮件服务运营中心)在线服务和邮件密级控制,可在内部进行监控和审核,增强了信息资源的安全保障力度。

3) 数据传输安全

企业数据通过 SSL VPN 加密隧道传输,链路加密算法同时支持商密算法(AES、3DES 等)和国密算法(SM1/SM2/SM3/SM4)。采用专业的 VPN 网关设备,在原有 SSL 加密算法基础上提升加密强度,大幅提升破解难度。

4) 终端安全管控

管理员可通过登录移动终端安全管理系统管理界面对终端设备进行统一安全管理,包括远程锁定终端设备、擦除工作区数据、注销/重启设备、锁定工作区、统一推送消息等操作。当员工设备丢失或被窃取时,可第一时间上报给管理员,由管理员对丢失设备进行定位、锁定、数据擦除等操作。本方案的移动终端安全管理系统管理界面如图 5-3 所示。

图 5-3　移动终端安全管理系统管理界面

移动终端安全管理系统集成了专业的防病毒引擎。企业管理员通过管理界面可以实时对终端设备进行扫描杀毒,保障终端设备免受病毒侵扰,避免移动终端被攻击者利用,成为渗透企业内网的跳板,确保终端本身和企业数据的安全。同时,管理员通过管理界面可以统计病毒个数以及未清除的病毒个数等。

5) 身份权限安全

本方案将 VPN SDK 集成到安全客户端当中,作为统一入口。用户可对工作区设置图形锁定码,以免被他人冒用。在进入工作区后,SSL VPN 会自动建立,免去手动建立连接的烦琐过程。另外,管理员可以通过 Web 管理界面设置设备的安全接入准则,可以通过手机号、IMSI 等设备属性设置设备准入条件。本方案的设备准入条件配置界面如图 5-4 所示。

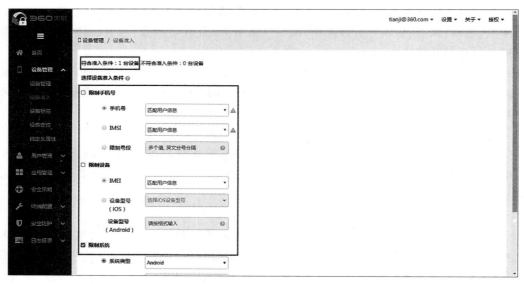

图 5-4　设备准入条件配置界面

移动终端安全管理系统管理平台与 SL VPN 安全接入网关保持信息同步,当终端有违规现象,如设备 ROOT、杀毒检测未通过、有越权行为时,移动终端安全管理系统管理平台会将违规信息同步给 SSL VPN 安全接入网关,自动断开 SSL VPN 连接。

准入流程如图 5-5 所示。

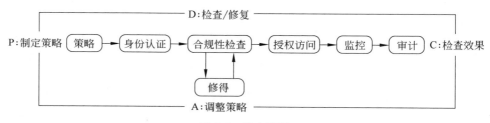

图 5-5　准入流程

6)日志审计安全

在本方案中,移动终端安全管理系统管理平台、SSL VPN 安全接入网关和邮件服务器均有日志记录,以方便管理员查看,且符合国家标准对审计的要求。

移动终端安全管理系统管理平台重点对终端操作进行审计,支持对用户违规事件、策略事件、日常事件等进行日志审核,可详细记录用户设备终端的日常事件信息,并可在管理平台进行搜索和筛选。另外,管理平台对管理员的操作也同样有日志记录,可具体记录管理员对各模块的操作。

SSL VPN 安全接入网关重点对用户访问应用状态进行审计,可查看系统运行状态和用户业务访问日志,并提供在线用户的监控。也可以将日志信息存储在本机的存储设备中,还可以将日志导出到远端的日志服务器中。在将日志导出到日志服务器时,系统会根据管理员配置的日志过滤条件对日志进行筛选。

安全邮件服务器端可根据安全保密管理规定对系统功能进行详细划分,严格控制各类管理员的权限,防止发生权限越界或无法管控的现象,使其符合安全保密要求。管理员按照权限分为系统管理员、安全保密管理员和安全审计员,与系统管理相关功能由系统管理员负责,与系统安全相关的功能由安全保密管理员负责,与系统审计相关的功能由安全审计员负责。

5.1.3　方案优势

本方案有以下 6 个优势。

1)统一的安全管理平台

通过移动终端安全管理系统提供统一的安全管理平台,企业管理员可以高度灵活可控地管理多种多样的移动终端设备,包含市场上主流的 Android、iOS 系统终端。

2)灵活的注册方式

可以以多种灵活的方式注册、下载、安装、激活移动终端安全管理系统,例如短信、邮件或二维码。

3)安全数据防泄密机制

本方案通过终端工作区落地数据加密、链路 VPN 隧道传输加密和服务端邮件加密,实现"云、管、端"全方位防护。并且,安全邮件专用客户端基于 IBC 非对称加密技术,采用 SM9 算法,可对邮件正文和附件进行加密后再发送邮件。该技术除了可对邮件加密以外,还可进行数字签名和身份认证,从而全方位保证邮件安全。

4)企业内部应用统一下发

企业可通过移动终端安全管理系统应用市场统一封装、分发企业合规应用,防止盗版软件对终端数据的窃取。

5)云查杀技术

移动终端安全管理系统集成了专业的防病毒引擎,能够无死角查杀恶意代码,实现了新病毒秒级查杀和系统修复功能,能够保障设备免受病毒侵扰,避免移动终端被攻击者利用,成为渗透企业内网的跳板。

6)高可用性

采用灵活的组织通讯录管理、高级日程会议功能,多组织多域名,可实现跨部门/区域轻松沟通。支持海外镜像加速、全球 AWS(Amazon Web Service,亚马逊 Web 服务)云服务群技术,对海外邮件场景也有良好的可用性。

5.2　企业蓝信 VPN 一体化办公解决方案

5.2.1　需求分析

1. 应用背景

互联网推动各行各业在技术、思维、理念、模式等方面发生了全方位的改变,人们的生产、工作、生活方式也出现了全新的智能生态的变化。移动信息化已逐步成为企业信息化建设的"标配",企业也将做出改变和调整,以适应时代发展的需要。具体到工作方式,其中重要的一点就是要积极利用移动互联网技术,配置企业级安全专属移动工作平台,以促进企业经营管理能力和工作水平的提高。

随着互联网访问量的增加以及移动存储技术及商务模式的发展,企业对员工移动办公、远程接入总部内网办公的需求越来越迫切。传统的互联网接入服务已经无法满足企业需求。如何实现网络中的数据隔离、服务器隔离,构建安全的业务子网,以保障企业日常安全的交流和办公,已成为 IT 管理者面临的重大问题。

2. 用户需求

用户需求主要体现在以下两方面。

1)身份认证和终端安全的保障

企业数据涉及企业的敏感和保密信息,对访问者接入身份的认证非常重要。因此,如何有效识别访问者的身份,判断接入终端的安全性,实现访问权限控制,是保障企业信息安全需要解决的重要问题。

2)数据传输方式中的安全隐患

现在很多企业内部已应用了各种业务系统,各业务系统之间实现了数据共享。蓝信 VPN 作为移动沟通办公平台,可以实时调用业务数据以实现移动办公,如果终端和企业服务器之间的通信通过公网线路直接进行,那么数据就存在着被篡改和窃取的风险。蓝信 VPN 的业务模式能够有效消除数据传输方式中的安全隐患。

5.2.2 解决方案

1. 移动办公一体化解决方案

为实现企业移动办公一体化,采用网神 VPN 对接蓝信客户端的方案,打造专业的企业级 IM、私有化部署、企业专用的一体化办公方案。网神 VPN 采用国密算法进行加密,支持 SM1/SM2/SM3/SM4 国密算法,安全强度高,破解难度大,保证数据在通过 SSL VPN 加密隧道传输时可以抵御中间人攻击。此外,网神 VPN 全面支持 IPv6 安全接入,满足下一代互联网安全接入要求,为企业远程接入提供了较好的解决方案,只要使用浏览器就能够访问企业总部的资源,如 Windows、Linux、UNIX、Mac OS 等系统的文件和应用程序,而不需要安装任何客户端软件。蓝信 VPN 安全平台架构如图 5-6 所示。

在蓝信 VPN 安全平台中,为保证数据的安全性,在进行通信时,首先由蓝信客户端与 VPN 网关建立 SSL 安全加密通道,VPN 授权蓝信客户端访问内网蓝信服务器端。在蓝信客户端与服务器端建立安全连接后,用户完成蓝信 VPN 平台的登录认证。此时,蓝信客户端生成单点登录 Token,调用 VPN SDK 进行单点登录认证,VPN 网关调用蓝信开放平台认证接口,完成 Token 的验证,认证通过后,将用户认证信息缓存在 VPN 网关。最后,用户在访问蓝信客户端中的内网服务(如内网图文消息、内网 OA)时,网神 VPN SDK 和 VPN 网关对用户进行授权,用户就可以正常访问企业内网的服务。

同时,蓝信 VPN 平台采用以下 9 个安全策略来保证方案的安全性。

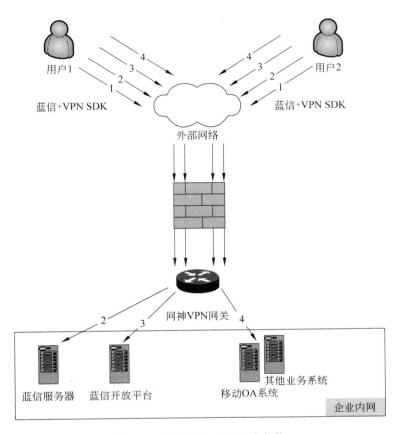

图 5-6　蓝信 VPN 安全平台架构

1）用户密码安全

在蓝信 VPN 平台中,用户密码采用 MD5 加盐(salt)存储,限制同一用户密码重置次数,以防范暴力破解验证码;限制同一用户重复登录次数,以防范暴力破解密码。

蓝信 VPN 安全平台用户密码多次使用 MD5 加密,以确保密码非明文存储,单向加密,不可解密。另外,对用户密码进行 MD5 加盐,以确保不同用户即使密码相同,加密结果也各不相同。为了限制 Web 登录次数,在用户连续 3 次输入错误后,再次输入时,提示输入图片验证码,以防范暴力破解。蓝信 VPN 平台在服务器端采取了一系列措施,如生成验证码时禁止采用伪随机算法,同一用户在同一客户端上连续 5 次输入错误之后将被锁定 1h(1h 内拒绝处理该用户在该客户端的登录操作),以保证用户密码的安全性。

2）客户端数据安全

为保证客户端数据的安全,蓝信 VPN 安全平台由用户设置本地安全口令,同时将安全口令和屏幕锁密码关联,在本地不对安全口令进行缓存,以安全口令对客户端数据库整体加密,输入安全口令后方可查看本地数据。同时对客户端存储进行加密(AES 128 位加密),使用 SQLCipher 对客户端 SQLite 数据库进行整体加密(基于 AES 128 位加密算法),以防止客户端数据泄露。

3）服务器端数据安全

为保证服务器端数据的安全，蓝信 VPN 安全平台对服务器端敏感数据加密存储（AES 128 位加密）。

为防止拖库后的信息泄露以及数据库管理员查看敏感信息，对服务器端存储的公告、调查问卷、系统通知、短信等敏感信息进行加密存储，为每类数据分配一个密钥。

密钥及加密算法由应用服务器控制。对密钥采用私有加密算法保存，使应用服务器和数据库相互独立，以防范加密密钥泄露。

4）应用安全

为保证客户端应用安全，蓝信 VPN 安全平台对以下漏洞进行防范处理：

（1）防范 CSRF、XSS、暴力破解等其他漏洞。

通过规范 refer 并进行检查以防范 CSRF（Cross-Site Request Forgery，跨站请求伪造）漏洞。另外，使用 WAF（Web Application Firewall，Web 应用防火墙，具体为 Nginx Web 应用防火墙模块 naxsi）以防范 XSS 漏洞。

（2）防范本地文件包含漏洞。

将 Web 服务器设置为不使用 root 启动，以防止恶意代码通过攻击服务进程盗用 root 权限。同时设置参数中不能传送根目录（/），以防范恶意代码读取系统文件。

（3）防范客户端 WebView 中的 XSS 漏洞。

服务器端可以对非法 URL 直接返回错误，客户端可以对 WebView 链接进行检查过滤。

5）信息安全

为保证客户端应用安全，蓝信 VPN 安全平台设置了灵活的隐私可见性策略，每个人只能看到被允许看到的通讯录信息。信息安全包括基本可见性管理和高级可见性管理。

（1）基本可见性管理。

基本可见性管理有以下 5 种策略：全员可见、本部门可见、仅管理员可见、隔级向上不可见和单位内隔级向上不可见。

（2）高级可见性管理。

高级可见性管理有以下 3 种策略：个人对个人（部门）不可见、可见不可用（仅能看到头像、名字、职务，不能查看蓝名片）、完全不可见。

6）传播安全

为保证信息的传播安全，蓝信 VPN 安全平台可以设置管控信息传播的模式，支持高级可见性设置，每个人只能看到被允许看到的通讯录信息，防止联系人泄露。具体包括以下措施：

（1）可以限制普通用户建立群聊、群发的群大小。

（2）支持设置组织内敏感词。对组织中的敏感词提前进行设置，在群聊和群发时，无法发出包含敏感词的内容，但私信聊天不受敏感词影响，以此控制信息传播的内容。

（3）支持审核公告内容。创建公告时可设定公告的发布范围。每次发送公告时，只能在发布范围内选择接收者。另外，组织内可设立审核员，审核通过的公告才可发送。但是审核机制不影响组织成员的群聊、群发，只控制信息的传播范围。

7）传输安全

为保证信息的传输安全,蓝信 VPN 安全平台自定义私有协议,参考 SSL 加密传输算法,使用服务端公私钥对进行非对称加解密,使用 AES 128 位加密进行对称加解密。

同时,保证仅核心人员掌握私有协议,所有协议交互均进行传输加密;关键信息非对称加密,密码(单向加密后的数据)、密钥等关键数据采用非对称算法加密后传输(客户端公钥加密,服务器端私钥解密),除蓝信服务器端外,均不可解密;传输加密参考 SSL 的加密方式,客户端使用服务器端公钥对随机生成的对称密钥进行非对称加解密,传输过程中使用 AES 128 位加密算法进行对称加解密。

8）网络安全

为保证网络安全,蓝信 VPN 安全平台可以对内网和外网进行隔离设置,仅开放必要端口以满足企业业务需求。服务器部署区分 DMZ 区和核心区,公网的用户只能访问 DMZ 区的 Web 服务和协议服务,核心区服务器只能由 DMZ 区的服务器访问;服务器仅开放与应用有关的端口;数据库仅对应用服务器开放读写访问权限,其他用户及应用仅有读权限。以此保证网络的安全。

9）系统安全

为保证系统安全,蓝信 VPN 安全平台对系统的权限有以下设置:

(1)细分运维权限,严格管理系统用户。针对系统管理、软件部署升级、日常维护等情况,设置不同的用户管理权限;设置关闭系统默认账号,定时账号登出,只开通 SSH 安全登录;另外,对系统用户、数据库用户设置复杂密码,定期更换;同时对用户登录进行记录,内容包括用户登录使用的账号、登录是否成功、登录时间及关键操作命令。

(2)平台管理员需使用 CA 证书登录,以防范账号口令泄露。

(3)平台管理员/操作员的敏感操作采用双密码认证。

平台管理员/操作员在对系统进行操作前,需向与蓝信 VPN 安全平台合作的第三方认证中心申请 CA 证书。平台管理员可以绑定证书或修改绑定证书,另外,平台管理员仅可使用绑定的 CA 证书登录系统,以降低账号口令泄露风险。

2. 方案优势

本方案具有以下优势。

(1)内部沟通安全快捷。

企业内网业务可通过安全接入网关远程发布,用户通过蓝信安全客户端即可访问企业内网业务。安全的身份认证机制保证了内部的即时工作沟通,沟通信息安全可追溯。

(2)业务数据安全访问。

蓝信安全客户端作为移动办公平台,除自身功能外,还可以方便地对接各种工作系统,作为移动网的统一工作入口。员工上班后,只需用手机打开蓝信,不需要其他应用,以保障业务系统的数据安全接入,并且保证数据在本地存储的安全和在传输过程中的安全。

(3)个性化专属平台。

可根据用户身份匹配访问权限,做到内网系统细致授权;可进行远程应用发布,以方便将业务系统迁移到移动终端,组织自由的安全私有化工作专属平台,实现实名化、组织化、秩序化。

（4）安全移动办公体验。

根据企业组织架构，提供功能强大的企业通讯录，可一键发起会话、群聊，可实现企业内部通知快速发文，能够极大地节省沟通成本，提高办公效率，让企业员工在任意时间、任意地点均可安全地进行移动办公，安全地连接内部信息系统，随时随地进行移动审批，提高工作效率。

5.3　金融行业移动安全解决方案

5.3.1　需求分析

随着移动终端的不断普及，员工办公地点不局限于公司，还可以在家中；领导出差期间也可以通过移动终端进行签报、审批。移动办公的需求正在迅速增长。

在金融行业中，移动展业带来的价值正在不断增长。在办理房屋贷款、银行卡和信用卡、电子银行等业务时，市民不用再去营业网点排长队，业务人员持终端设备就可以服务到家、服务到区，极大地提高了办事效率，也提升了用户体验。

在移动互联网时代，移动办公已经不再局限于笔记本电脑办公。领导和员工出差常常需要通过移动终端进行签报、审批。对于不同系统和终端设备来说，如何提供统一的安全快速接入，是移动办公最根本的问题。

随着越来越多的企业业务实现了移动化，相应的关键敏感数据也随之移动化，这些数据包含大量客户信息和银行业务数据，而在终端本地存储数据和通过链路传输数据的过程中保障银行数据资产的安全显得尤为关键。

对小微信贷等业务，客户经理需要通过移动终端来办理，而海量的终端设备如何做到有效管理，如何保障终端丢失后敏感数据不会被外泄？

由于各类业务都是通过移动终端开展的，移动应用也纷纷上线。如何保障应用的安全？另外，许多原来运行于 Windows 上的业务难以迁移到移动终端上，是否有相应的解决方案能够解决该问题？

平时办公中常用的邮件、IM 等往往没有经过安全规划，银行客户信息、资产数据也经常会通过普通邮件、微信、朋友圈被随意外传，一旦被人窃取，就会给企业带来不良影响。这些都是移动办公需要解决的问题。

5.3.2　解决方案

1. 移动办公解决方案

要保障客户移动办公的安全性，不仅需要保障身份安全，实现准入可控，更重要的是要保障企业应用业务安全，做到端对端全面防护。

1）统一安全接入平台

本方案提供安全接入平台，支持 Windows、iOS、Android、Linux 操作系统，能够满足用户通过 PC、移动终端、平板电脑等多种终端接入办公的需求。

2）用户身份安全可信

本系统支持 15 种认证方式,包括本地认证、邮箱认证、LDAP 认证、AD 域认证、短信认证等。本系统还支持软 Token 方式,不通过二维码扫描,而是通过 APP 与 VPN 服务连接,以获取动态密钥,能够提高安全性,节省硬件成本。

3）终端环境安全

本系统集成了杀毒引擎,可对智能终端进行病毒木马查杀。若智能终端有安全隐患,查杀未通过,则无法接入企业内网,确保终端环境安全。

4）链路传输安全

企业数据通过 VPN 加密隧道传输,链路加密算法同时支持商密算法（AES、3DES等）和国密算法（SM1/SM2/SM3/SM4 算法）。本系统采用专业的 VPN 网关设备,在原有 SSL 加密算法的基础上提升了加密强度,大幅提高了加密数据被破解的难度。

5）企业应用安全

企业自建的办公 APP 往往无法保障全面的安全性。本方案可对企业 APP 进行安全加固封装,加固后的应用数据以加密方式保存在移动终端设备上,第三方应用无法查看,企业数据也无法被恶意转发。另外,加固后的应用会分发到应用商店,以保证用户下载的应用是安全可信的。

6）办公套件安全

本方案可提供安全即时通信、安全邮件、安全通话、安全短信、安全浏览器等,以满足各种移动办公需求,解决使用个人应用办公时敏感数据易被恶意窃取的问题。

蓝信作为专业的企业安全即时通信工具,可提供私有部署,数据存储在企业内部,以保护数据安全。蓝信还提供了大型通讯录（可做到多级权限划分）、电话会议、网络通话、消息通知、请假管理等功能,以方便员工在企业内部的办公应用。

奇安信安全邮件使用最成熟的 IBC、SM9 加解密算法,同时使用奇安信最成熟的反病毒、反钓鱼等加密方案,邮件服务器系统使用国内最大的邮件引擎系统。

2. 移动展业解决方案

移动展业如今已成为银行、保险、信贷的重要业务之一。员工通过智能终端为用户开卡,办理业务,既缓解了柜台办理业务的压力,又提升了客户体验。本方案也为移动展业提供了完整的安全保护措施。

1）移动终端数据防泄露

本方案采用沙盒技术,将企业数据保存在虚拟工作区,可禁止外发泄露。另外,在访问企业应用时,可禁止终端使用相机进行截屏外发。由于落地的数据都经过加密处理,即使被恶意复制到其他终端上,也无法看到其内容。当移动终端不慎丢失或被他人窃取后,管理员可远程擦除移动终端中的企业数据。

2）应用虚拟化

对于无法直接迁移到移动终端的业务应用,可通过应用虚拟化技术适配到移动终端上,链路传输的仅是屏幕、鼠标、键盘等更新信息,不直接传输数据,以保障数据不落地,提高了数据的安全性。

3）统一派发设备强管控

VPN＋奇安信天机方案可以对海量终端进行终端设备强管控，对终端设备状态（如设备位置、设备系统信息、设备硬件信息、设备装载应用信息等）进行详细记录。采用沙箱技术对个人区和工作区的数据进程隔离，以保障工作区应用数据安全。本方案还可以禁用终端外设（如相机等）、剪贴板、移动网络等。管理员可统一管理终端设备，远程下发消息（阅后即焚），远程擦除工作区数据，远程锁屏。

3. 社区银行解决方案

社区银行因其便利性而在社区和乡镇颇受好评。但是，由于社区银行网点众多，通过专线传输成本过高，为了保障安全性，采用 VPN 进行分支互联，既提高了安全性，又极大地降低了建设成本。

小微机构可通过 SSL VPN 加密隧道进行分支互联。在传输过程中，采用国密算法对数据进行加密，以防止数据被恶意窃取。另外，本方案中还包括 Mini 安全网关，分支用户可通过 WiFi 接入 Mini 网关，从而访问企业内网，增强了接入便捷性，大幅降低了成本。

5.3.3　方案优势

本方案有以下 4 个优势。

（1）最完善的解决方案。

本方案以身份安全、链路安全、终端安全、应用安全为基础，结合安全邮件、安全即时通信、安全通话、安全短信、安全浏览器 5 个安全办公套件，为金融行业提供了完善的移动办公安全整体方案。

（2）最安全的解决方案。

本方案通过多因素认证来保障身份安全，通过病毒查杀来保障终端环境安全，通过沙盒技术来保障终端数据安全，通过专业的 SSL VPN 来保障链路安全，通过蓝信、奇安信安全邮件、安全浏览器等来保障办公套件安全，通过应用封装分发技术来保障企业应用安全，从而打造了从终端到链路再到应用的"云、管、端"全面安全解决方案。

（3）最灵活的解决方案。

本方案以安全接入平台为基础，可与多款产品协同工作，能够满足金融行业不同应用场景的需求。本方案解决了移动展业场景下的终端强管控问题，提供了端对端的移动办公解决方案，能够保障 PC 办公的安全性。本方案提供了多种选择，可根据用户需求灵活搭配。

（4）最成熟的解决方案。

本方案提供了多个安全组件。SSL VPN 产品广泛应用于政府、金融、电信、税务、公安等标杆行业，得到了中石油、中石化、人民银行、外交部等众多大型企业和政府部门的认可。

5.4　思考题

1. 什么是动态场景授权？

2. 简述双机 AA 模式热备的优势。

3. 请针对机密等级较高的业务系统设计一个安全网关认证方案。

4. 简述"云、管、端"一体化安全解决方案。

5. 如果终端和受理服务器、数据库服务器之间通过公网线路直接进行通信将存在怎样的安全隐患？

6. 如何保障移动终端数据安全？

附录 A VPN 技术英文缩略语

ADSL   Asymmetric Digital Subscriber Line   非对称数字用户线路

AES   Advanced Encryption Standard   高级加密标准

AH   Authentication Header   认证头

ATM   Asynchronous Transmission Mode   异步传输模式

BSD   Berkeley Software Distribution   伯克利软件套件

BYOD   Bring Your Own Device   自带设备办公

CBC   Cipher Block Chaining   密码分组链接

CFB   Cipher Feedback   密文反馈

CHAP   Challenge Handshake Authentication Protocol   挑战握手认证协议

CSRF   Cross-Site Request Forgery   跨站请求伪造

DES   Data Encryption Standard   数据加密标准

DOI   Domain Of Interpretation   解释域

ECB   Electronic Codebook   电子密码本

ESP   Encapsulating Security Payload   封装有效载荷

GRE   Generic Routing Encapsulation   通用路由封装

IETF   Internet Engineering Task Force   互联网工程任务组

IKE   Internet Key Exchange   互联网密钥交换

IPSec   Internet Protocol Security   互联网协议安全性

IPX   Internetwork Packet Exchange   互联网分组交换

ISAKMP   Internet Security Association and Key Management Protocol   互联网安全联盟和密钥管理
  协议

ISDN   Integrated Services Digital Network   综合业务数字网

ISP   Internet Service Provider   互联网服务提供商

LAC   L2TP Access Concentrator   L2TP 访问集中器

LAN   Local Area Network   局域网

LCP   Link Control Protocol   链路控制协议

LDAP   Lightweight Directory Access Protocol   轻量目录访问协议

L2F   Level 2 Forwarding Protocol   第二层转发协议

LNS   L2TP Network Server   L2TP 网络服务器

L2TP   Layer 2 Tunneling Protocol   第二层隧道协议

MAC   Message Authentication Code   消息认证码

MAN   Metropolitan Area Network   城域网

MD5   Message-Digest Algorithm 5   消息摘要算法第 5 版

MDC   Manipulation Detection Code   篡改检测码

MPLS　Multi-Protocol Label Switching　多协议标签交换

NAS　Network Access Server　网络访问服务器

NSP　Network Service Provider　网络服务提供商

OA　Office Automation　办公自动化

OFB　Output Feedback　输出反馈

PAC　PPTP Access Concentrator　PPTP 接入集中器

PAP　Password Authentication Protocol　口令验证协议

PNS　PPTP Network Server　PPTP 网络服务器

PPP　Point-to-Point Protocol　点对点协议

PPTP　Point-to-Point Tunneling Protocol　点对点隧道协议

PSTN　Public Switched Telephone Network　公共交换电话网络

QoS　Quality of Service　服务质量

SA　Security Association　安全联盟

SAD　Security Association Database　安全联盟数据库

SHA　Secure Hash Algorithm　安全散列算法

SLA　Service-Level Agreement　服务等级协议

SOHO　Small Office Home Office　小型办公室和家庭办公室,家居办公

SPD　Security Policy Database　安全策略数据库

SSL　Secure Sockets Layer　安全套接层

VPDN　Virtual Private Dial-up Network　虚拟专用拨号网

VPN　Virtual Private Network　虚拟专用网络

WAF　Web Application Firewall　网络应用防火墙

WAN　Wide Area Network　广域网

XSS　Cross Site Scripting　跨站脚本攻击

参考文献

[1] 王达. 华为 VPN 学习指南[M]. 北京：人民邮电出版社,2017.

[2] 王占京,张丽诺,雷波. VPN 网络技术与业务应用[M]. 北京：国防工业出版社,2012.

[3] Deal R. Cisco VPN 完全配置指南[M]. 北京：人民邮电出版社,2012.

[4] 杨义先,李子臣. 应用密码学[M]. 北京：北京邮电大学出版社,2013.

[5] 马春光,郭方方. 防火墙、入侵检测与 VPN[M]. 北京：北京邮电大学出版社,2008.

[6] 白树成. 防火墙与 VPN 技术实训教程[M]. 北京：电子工业出版社,2014.

[7] Lewis M. VPN 故障诊断与排除[M]. 北京：人民邮电出版社,2012.

[8] 金汉均,仲红,汪双顶. VPN 虚拟专用网安全实践教程[M]. 北京：清华大学出版社,2010.

[9] 高海英,薛元星,辛阳. VPN 技术[M]. 北京：机械工业出版社,2004.

[10] 李永. SSL VPN 技术在校园网中的应用[J]. 产业与科技论坛,2018,17(05)：82-83.

[11] 孙光懿. 基于 GRE 和 IPSec 协议的 VPN 仿真[J]. 陕西理工大学学报(自然科学版),2018,34(01)：49-55,73.

[12] 张恬. 高校网络安全与 VPN 技术应用[J]. 电脑知识与技术,2017,13(32)：65-66.

[13] 赵彧,石安,孙斌. VPN 在广电运营商中的应用[J]. 产业与科技论坛,2017,16(22)：57-58.

[14] 黄海平. 基于 SSL 协议的 VPN 技术在校园网中的应用[J]. 产业与科技论坛,2017,16(22)：51-52.

[15] 赵菁. IPSec VPN 与 SSL VPN 比较与分析[J]. 数字技术与应用,2017(10)：183-184.

[16] 尹心明. SSL VPN 技术在移动警务视频接入链路中的应用[C]//中国计算机学会. 第 32 次全国计算机安全学术交流会论文集. 中国计算机学会,2017：4.

[17] 熊学锋,王良之,荣功立,等. 基于 VPN 的网络安全技术研究[J]. 电子世界,2017(19)：192,195.

[18] 刘炟,杨厚俊. 基于 IPSec 的 VPN 关键技术研究[J]. 工业控制计算机,2017,30(07)：75-76,79.

[19] 万明明. VPN 技术在网络安全中的应用[J]. 计算机产品与流通,2017(07)：98.

[20] 万欢. VPN 技术在计算机网络中的应用对策[J]. 信息系统工程,2017(06)：43.

[21] 陈荣,李旺,田波. GRE 与 IPSec VPN 网络安全应用探究[J]. 铜仁学院学报,2017,19(06)：74-76,99.

[22] 郑宁宁. 基于 SSL 协议的 VPN 技术安全性研究[J]. 电脑知识与技术,2017,13(15)：48-49.

[23] 杜理明. 基于 SSL VPN 技术的无线校园网的设计研究[J]. 集宁师范学院学报,2017,39(03)：30-33.

[24] 王春海. 几种 VPN 组网方式介绍[J]. 计算机与网络,2017,43(08)：40-41.

[25] 朱庆云. VPN 网络的通信安全与应用[J]. 信息通信,2017(02)：227-228.

[26] 魏道洪. 虚拟专用网络 VPN 的应用安全[J]. 电子技术与软件工程,2017(02)：214.

[27] 张旭. VPN 中间人攻击与防护关键技术研究[D]. 杭州：浙江理工大学,2017.

[28] 魏伟. VPN 协议识别关键技术研究[D]. 杭州：浙江理工大学,2017.

[29] 王一竹. VPN 网络的设计与分析[J]. 电子技术与软件工程,2016(23)：31.

[30] 夏宏斌. MPLS VPN 技术简介[J]. 承德石油高等专科学校学报,2016,18(05)：56-60.

[31] 张娜. 基于 IPSec 的 VPN 网络安全的实现[J]. 中国新通信,2016,18(19)：83.

[32] 黄海平. 基于 SSL 协议的 VPN 技术在校园网中的研究[J]. 中外企业家,2016(28)：130-131.

[33] 高羽,王当. IPSec 技术在 MPLS VPN 安全保障中的运用[J]. 信息与电脑(理论版),2016(18)：186-187.

［34］ 刘泽水,焦会周.一种基于 VPN 技术的端对端 MPLS QoS 部署方案［J］.计算技术与自动化, 2016,35(03)：119-122.

［35］ 唐晓梦,刘昶.IPSec VPN 原理与配置［J］.中国有线电视,2016(08)：930-933.

［36］ 李智宏.VPN 技术在局域网中的应用［J］.电子测试,2016(11)：68-69,46.

［37］ 刘晋州.基于 VPN 的计算机虚拟网络技术及应用［J］.电脑知识与技术,2016,12(07)：49-50.

［38］ 李长春.基于 SSL 协议的 VPN 系统实现及安全性研究［J］.江汉大学学报(自然科学版),2016, 44(01)：81-88.

［39］ 吕明.基于 MPLS 技术企业 VPN 网络设计［J］.数字技术与应用,2016(02)：49.

［40］ 熊铖.VPN 技术在企业网中的研究与应用［J］.贵州电力技术,2016,19(01)：34-36.

［41］ 塔林夫.VPN 技术在计算机网络中的应用探究［J］.中国新通信,2016,18(02)：95.

［42］ 杨阳,蔡明敏.基于 SSL VPN 的安全接入平台设计与实现［J］.科技展望,2015,25(33)：14.

图书资源支持

感谢您一直以来对清华版图书的支持和爱护。为了配合本书的使用，本书提供配套的资源，有需求的读者请扫描下方的"书圈"微信公众号二维码，在图书专区下载，也可以拨打电话或发送电子邮件咨询。

如果您在使用本书的过程中遇到了什么问题，或者有相关图书出版计划，也请您发邮件告诉我们，以便我们更好地为您服务。

我们的联系方式：

地　　址：北京市海淀区双清路学研大厦 A 座 714

邮　　编：100084

电　　话：010-83470236　010-83470237

客服邮箱：2301891038@qq.com

QQ：2301891038（请写明您的单位和姓名）

资源下载： 关注公众号"书圈"下载配套资源。

资源下载、样书申请

书 圈

获取最新书目

观看课程直播